Curso de rebirthing y biorrítmica

Gianni Camattari

CURSO DE REBIRTHING Y BIORRÍTMICA

EDITORIAL DE VECCHI, S. A.

A pesar de haber puesto el máximo cuidado en la redacción de esta obra, el autor o el editor no pueden en modo alguno responsabilizarse por las informaciones (fórmulas, recetas, técnicas, etc.) vertidas en el texto. Se aconseja, en el caso de problemas específicos —a menudo únicos— de cada lector en particular, que se consulte con una persona cualificada para obtener las informaciones más completas, más exactas y lo más actualizadas posible. **EDITORIAL DE VECCHI, S. A.**

Proyecto gráfico de la cubierta: Design Simona Peloggio

Fotos de la cubierta y del interior de Marco Giberti

Balmes, 247. 08006 BARCELONA
Depósito Legal: B. 31.483-1997
ISBN: 84-315-1812-X

A Cecilia Casanova,
la mujer que ha asistido con su consejo
e inspiración a la creación de estas páginas

Índice

Introducción

Mi primer contacto con el rebirthing se remonta a 1984. Me apasionó de inmediato y la curiosidad me movió a leer todo lo que se había escrito al respecto. Para comprender mejor sus dinámicas internas, me sometí a sesiones individuales y en grupo, al aire libre y en el agua, con diversos guías. Dado que en los años ochenta el rebirthing se practicaba de forma «originaria», tal como se había importado de Oriente, con un alto contenido esotérico, era indispensable que el principiante se pusiera en manos de un guía experto durante un mínimo de diez sesiones, tras las cuales podía practicarlo por su cuenta.

De todos modos, muy pronto me di cuenta de que, siguiendo las debidas precauciones, podía ser practicado por cualquiera en su propia casa, con un notable beneficio para la salud física y psíquica. La práctica individual fue descrita y regulada, creo que por primera vez, en 1991, en mi libro *Relax total.*

Desde 1970 hasta hoy, el rebirthing ha experimentado una difusión sorprendente. Asistimos a la proliferación de estudios e investigaciones que lo enriquecen con contribuciones provenientes de disciplinas como la psicología, el psicoanálisis y la medicina psicosomática.

Uno de los objetivos de esta obra es informar al lector de:

— los desarrollos más recientes del rebirthing;
— las formas en las que puede ser practicado;
— los beneficios que reportan la recuperación o la potenciación de la salud física y psíquica del individuo.

El rebirthing ha evolucionado en una gran variedad de tendencias que pretenden responder a las diferentes exigencias de cada uno de nosotros. Dichas tendencias serán tratadas en este libro, exponiendo sus principios teóricos así como los ejercicios prácticos.

Trataremos también de la biorrítmica, una nueva disciplina derivada del rebirthing, ideada y puesta a punto por el autor del libro, que la ha venido practicando desde 1988 hasta nuestros días.

Este libro ha sido concebido con el corazón y escrito con la mente. Por lo tanto, sugerimos al lector que lo utilice de la misma forma: comprender los ejercicios con la mente y, a continuación, ejecutarlos con el corazón.

De este modo, podrá obtener resultados que superarán sus propias expectativas.

PRIMERA PARTE
REBIRTHING

El origen del rebirthing

El rebirthing es un método que utiliza la respiración circular, es decir, la inspiración y la espiración sin pausas, para producir cambios evolutivos en la persona.

El uso de técnicas respiratorias para obtener una bienestar físico y psíquico es antiquísimo. A menudo vemos cómo las personas suspiran; el suspiro es una actividad de reequilibrio energético, que la naturaleza nos sugiere para encontrar alivio en determinadas situaciones. El suspiro, por lo tanto, es el precursor más antiguo, más natural y más espontáneo del rebirthing.

Las técnicas respiratorias más elaboradas fueron difundidas en Oriente por grandes maestros. En Occidente, en medicina, se utilizan técnicas respiratorias parecidas, a las que se conoce con el nombre de *gimnasia respiratoria*. En realidad, también en este caso, nos encontramos en el ámbito de aquellas prácticas milenarias divulgadas por el yoga en todo el mundo con el nombre de *Pranayama*.

Parece ser que el rebirthing se extendió por Oriente en épocas no muy remotas. Según Bernardino del Bocca, ya en 1918 tres monjes tibetanos enseñaban rebirthing. Estos habían sido discípulos del venerable maestro Khru Ba Siwichai, a quien había sido revelada dicha técnica por dieciséis espíritus iluminados.[1] Independientemente del crédito que se otorgue a esta historia, lo cierto es que, en los años setenta, los diversos *ashram* (conventos abiertos al público) de Asia difundieron varias formas de rebirthing.

Fue precisamente en un ashram hindú donde el americano Leonard Orr perfeccionó la técnica respiratoria que había descubierto hacía poco tiempo, sentando las bases del rebirthing. Su encuentro con Sri Babaji en 1978 fue decisivo, ya que determinó por completo la orientación que daría al rebirthing, haciéndolo volver a la filosofía de la vida.

Antes de conocer a Sri Babaji, Leonard Orr había tenido una curiosa experiencia en su casa, en California. Cuando se bañaba, Orr tenía por costumbre distraerse experimentando diferentes formas y ritmos respiratorios. Un día, de pronto, descubrió algo que daría un giro decisivo a su vida. A continuación, proponemos y describimos este «juego respiratorio» por tres razones:

— por el gran valor evolutivo que posee;
— porque podemos realizarlo solos en casa, sin necesidad de ningún guía;
— porque es un tipo de respiración beneficiosa y sin contraindicaciones.

1. F. Falzoni Gallerani, *La respiración del alma*, Milán, 1992, pág. 100.

Juego respiratorio

El hombre feliz es como un niño: se divierte con todo y juega con todo. También nosotros podemos jugar con todo, incluso con nuestra respiración (figs. 1 y 2).

Podemos inspirar en dos tiempos y espirar en uno solo.

Podemos inspirar en tres tiempos, conteniendo el aire y espirar en un solo tiempo.

Podemos alternar una respiración lenta y una más acelarada, o variar la alternancia de los ritmos y de las fases de apnea.

1

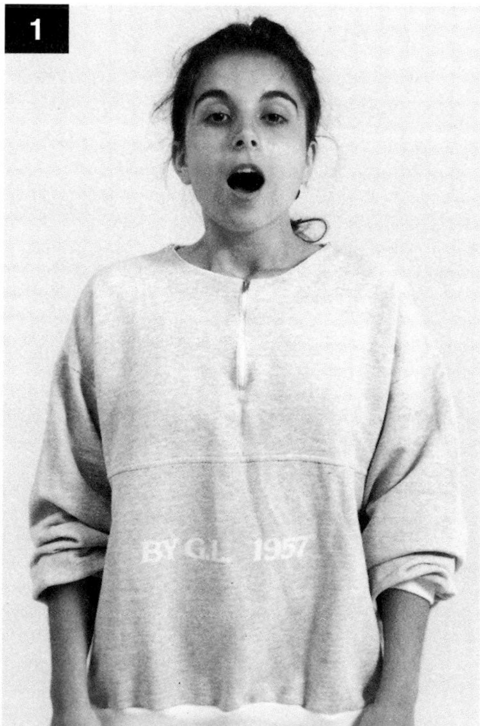

2

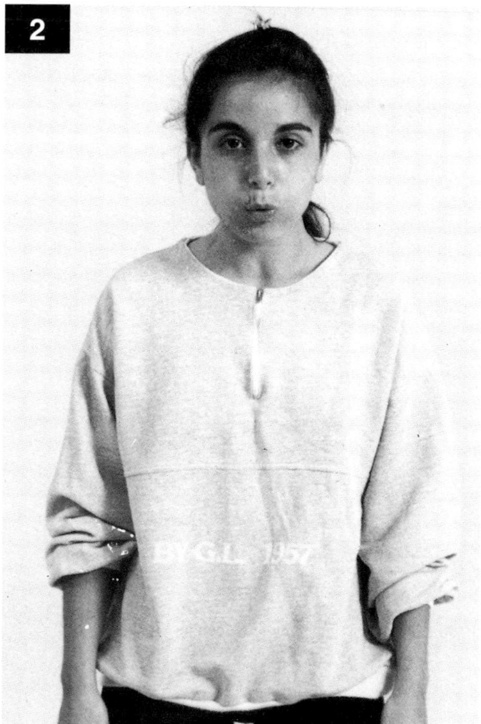

Contener la respiración nos permite apreciar todavía más el placer de respirar de forma amplia, libre y natural. Además, podemos inventarnos otras modalidades, según nuestra propia imaginación.

Los grandes descubrimientos de la humanidad se han producido así, por casualidad, jugando y experimentando. Por lo demás, también Leonard Orr descubrió un juego respiratorio de gran valor para nuestra salud física y psíquica, mientras se divertía sumergido en el agua caliente de su bañera.

Podemos realizar este juego respiratorio, que no debe practicarse obligatoriamente en el agua, bien sea de pie, sentados o tumbados. Esta última es la posición más aconsejable, y que proponemos al lector.

Podemos dar a continuación las siguientes sugerencias:

— me tumbo sobre una colchoneta;
— mantengo los brazos extendidos a lo largo del cuerpo;
— las palmas de las manos están orientadas hacia abajo;
— las piernas están ligeramente separadas;
— respiro por la nariz;
— hago una breve inspiración-espiración, sin pausa, y la repito cuatro veces seguidas;
— hago una larga inspiración-espiración;
— repito cuatro veces consecutivas los cinco actos respiratorios (en la práctica, realizo veinte actos respiratorios completos, sin pausas ni interrupciones: dieciséis breves y cuatro largos, intercalados);
— ahora me detengo y permanezco a la escucha de todas las sensaciones, emociones y pensamientos que atraviesan mi mente.

Del juego respiratorio al rebirthing

Los cánones occidentales estaban presentes en el juego respiratorio que tanto había entusiasmado a Leonard Orr. De hecho, para realizar cuatro respiraciones breves y una larga se requiere un cierto grado de concentración.

El juego respiratorio le había sorprendido porque con él había alcanzado un estado especial de consciencia durante el que podían aparecérsele episodios olvidados de su vida y gracias al cual podía sentir más livianos y más libres su cuerpo y su mente. Resultados parecidos fueron obtenidos por otras personas a las que Orr propuso este sencillo ejercicio.

De todos modos, el nacimiento propiamente dicho del rebirthing, estuvo condicionado por dos factores determinantes:

— la constatación de que los efectos evolutivos se debían a la ausencia de pausa entre la espiración y la inspiración;

— el encuentro con Oriente, que, como es sabido, es intuitivo y no analítico: piensa de forma analógica (por conjuntos) y no de forma lógica (por partes).

La cultura oriental considera la respiración como un hecho holístico, total, creativo e integrado. La concibe como un columpio natural, que va adelante y atrás, adelante y atrás, sin interrupción alguna; o como una ola del mar, como el latido del corazón: adelante y atrás, sin interrupción. La respiración representa el movimiento de las partes que interactúan con el todo. La inspiración, activa y energizante, interactúa con la espiración, pasiva y relajante. Una necesita de la otra y se suceden sin descanso, como el día sigue a la noche y la noche sigue al día. Esta armonía entre los contrarios es la fuente de inspiración y la idea motriz que estructura el rebirthing.

Sesión de rebirthing originario

Inicio

El maestro nos hace entrar en una habitación o nos lleva a un prado, bajo la sombra de los árboles, y nos invita a sentarnos en una silla o en el suelo, con las piernas cruzadas. A continuación, nos pide que le hablemos de nosotros mismos y de nuestro itinerario evolutivo.

Finalizada la conversación, nos pide que nos tumbemos sobre una alfombra o sobre una colchoneta (fig. 3) y nos cubre con una manta.

Respiración

El maestro se sienta junto a nosotros y, con voz serena y segura, nos sugiere

3

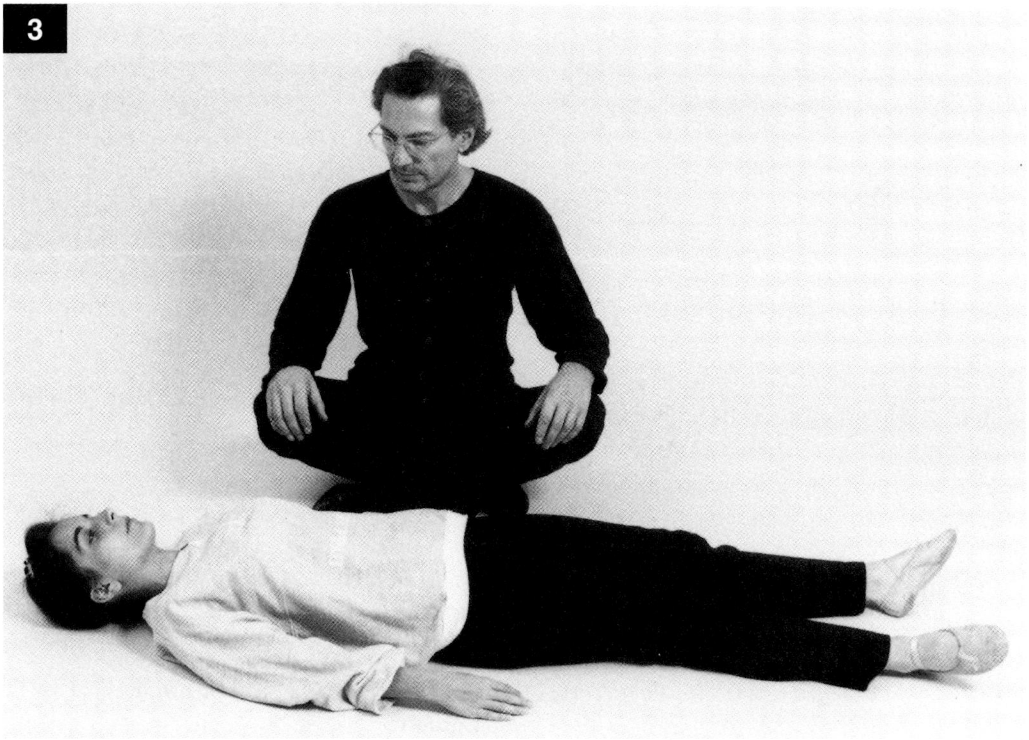

que espiremos e inspiremos sin pausa. Nos pide que inspiremos todo el aire que seamos capaces de retener, ensanchando al máximo nuestros pulmones y dejando salir el aire de manera natural, mediante el descenso natural de los pulmones, por lo tanto, sin soplarlo hacia afuera.

Maestro

El maestro, con el contacto de su mano y con su actitud, más que con sus palabras, nos conduce hacia un columpio armónico entre inspiraciones energéticas y espiraciones relajantes, haciéndonos entrar en una atmósfera de duración sin límites.

Alumno

Llegados a este punto, ya no debemos preocuparnos de nada: nuestra respiración sigue su propio ritmo. Es como si hubiéramos conectado el piloto automático y todo lo condujera nuestra sabiduría inconsciente.

Abreacciones autógenas

Puede suceder cualquier cosa. La respiración puede «enloquecer»: ralentizarse, acelerarse, pararse. En este último caso, nuestros labios se volverían azulados, sin representar, no obstante, ningún peligro.

Nuestro organismo biopsíquico puede verse asaltado por convulsiones, contorsiones, parálisis de las extremidades inferiores y superiores, tetania, deseos de gritar, sentimientos de liberación, visiones paradisíacas, angustias mortales, llanto desesperado, sensaciones de muerte inminente, placeres inefables, sentimiento de unión con la divinidad, amor universal, consciencia de errores cometidos, propósitos de enmienda, recuerdos traumáticos, nostalgias, añoranzas, maldiciones contra el rebirthing y quien lo ha inventado, arrepentimientos, reconocimiento, perdón, agradecimiento, sentimiento de paz y de beatitud.

La calma después de la tormenta

Pueden producirse tan sólo algunas de las abreacciones autógenas descritas en el apartado anterior, y en ningún caso todas a la vez. Es importante seguir los consejos del maestro, que nos invita a vivirlas hasta el fondo, a disfrutarlas y dejarnos acunar por ellas, perdiendo el sentido del tiempo. Si conseguimos alcanzar este estado de abandono y dejamos a un lado todos los miedos, sobre todo el miedo a la muerte, al final de la sesión podremos entrar en un estado de beatitud, en el que sentiremos muchas ganas de vivir y de gozar el amor en todas las formas que nos son congénitas.

Puesta en común

Una vez despiertos, sentiremos una gran necesidad de comunicar al maestro todas las sensaciones, emociones, visiones y pensamientos que hemos experimentado durante el ejercicio. El maestro nos escuchará con una actitud amorosa y comprensiva. Si es también psicoterapeuta, para un trabajo más profundo y provechoso, nos ayudará a estudiar analíticamente todo el material que ha salido a la superficie. Muchos maestros aconsejan a sus discípulos que escriban todo lo que han experimentado durante la sesión y que conserven estos escritos. Es una práctica muy útil.

Duración

Este tipo de rebirthing, realizado de este modo, no prevé un final preestablecido. La sesión concluye cuando hemos agotado todas nuestras potencialidades abreactivas, es decir, cuando todas nuestras reacciones físicas y mentales han terminado. Es un momento feliz: nos sentimos libres, llenos de energía. Sentimos deseos de levantarnos y explicar todo lo que nos ha ocurrido. La conclusión se produce al cabo de unas dos horas, con un amplio abanico de posibilidades que oscilan entre una y cuatro horas. En definitiva, la duración dependerá de la capacidad de reacción de cada persona. El hecho de no poder prever tiempos precisos puede crear algún problema, que se resuelve con las correcciones adecuadas, de las que hablaremos más adelante.[2]

Consideraciones

Por lo que respecta a las descargas y abreacciones autógenas, que tanto nos preocupan cuando somos principiantes, se sabe positivamente que no pueden ocasionar ningún daño físico o psíquico a quien se someta a este ejercicio. Es más, suele reportar enormes beneficios. De todos modos, los miedos que anidan en nuestra mente, sobre todo el miedo a la muerte, pueden provocar una interrupción brusca del ejercicio, con consecuencias transitoriamente desagradables. Por este motivo, el rebirthing originario se desaconseja rotundamente a los autodidactos: realizarlo solo no provoca daño físico alguno, pero puede ocasionar profundas alteraciones psíquicas. El miedo a morir, que se manifiesta a menudo durante el ejercicio, oculta una realidad profunda: el temor a cambiar. De hecho, durante la respiración circular se produce toda una serie de evoluciones internas: sentimos que algo está muriendo y algo distinto está naciendo.

La palabra inglesa *rebirthing* significa, precisamente, «renacimiento». El rebirthing originario suele practicarse en sesiones individuales o en grupo, pero siempre rigurosamente bajo la guía de un maestro experto.

2. Véase «Duración», pág. 28.

La práctica normal

Para evitar el despertar violento e imprevisto de la energía, así como para delimitar los ejercicios en una duración preestablecida, es importante tratar de hacer brotar, de forma gradual y dulce, el cauce de emociones que puede manar de la respiración circular.

Ahora consideraremos las condiciones óptimas en las que se puede practicar el rebirthing, aportando las indicaciones que permitirán regular el ritmo y la pausa.

Examinaremos exhaustivamente: lugares, posiciones, duración, pausas, maestros, conversación preliminar, puesta en común, sesiones en grupo, práctica acuática y final de la sesión.

Lugares

El lugar elegido previamente debe ser tranquilo, sin ruidos ni influencias perturbadoras. A ser posible, evitaremos la proximidad de centrales eléctricas o zonas situadas cerca de tendidos eléctricos de alta tensión.

Los ruidos naturales no deben ser considerados perturbadores, sino beneficiosos: el fragor de una cascada, el borboteo de un arroyo, el balido de las ovejas, el canto del grillo, de las cigarras, de los pájaros, el croar de las ranas, etc. Si nos molestasen estos sonidos naturales, debemos tener en cuenta que permanecer en esa situación es un buen ejercicio para acercarse a la naturaleza.

Si tenemos ocasión, debemos preferir los bosques, las pinedas, los parajes rodeados de verde, en los que podamos tumbarnos sobre la hierba, en contacto con la tierra, y a ser posible junto a un curso de agua. A la sombra de los pinos, durante un bonito día de sol, mientras el aire suave nos acaricia la cara, es más fácil entrar en contacto con la respiración universal, de la que la nuestra es sólo un soplo. Pero si nos encontramos en grupo, al no ser tan fácil acceder a estos parajes, podemos recurrir a salas o gimnasios espaciosos, en los que haya grandes ventanas que permitan el paso de la luz solar y la circulación del aire. Durante la respiración circular, se recomienda que el lugar esté en penumbra, aunque no en oscuridad total, puesto que cuando practicamos el rebirthing no estamos durmiendo, sino viviendo una intensa experiencia emotiva.

Para las sesiones individuales, cuando nos veamos obligados a permanecer en la ciudad, puede bastar con nuestro lugar de estudio.

La elección del lugar idóneo es de gran importancia cuando empezamos a practicar el rebirthing, cuando queramos alcanzar altas cotas de bienestar psicofísico o bien cuando estemos en grupo. Normalmente, con el progreso de nuestras evoluciones, acabaremos encontrando un espacio interior que hará que el ambiente exterior pierda su importancia. Cuando hayamos avanzado mucho en nuestra práctica del rebirthing, podremos practicarlo en cualquier lugar: tanto en el mercado como en casa, en un lugar público o por la calle, en el autobús o mientras hacemos cola.

Una respiración sana y equilibrada como la que induce el rebirthing puede practicarse en cualquier parte. Basta con saber regular el flujo respiratorio en función de las circunstancias.

Posiciones

La posición más conveniente, la que permite un trabajo más profundo, es sin duda alguna la supina, que exige el uso de una manta. De hecho, en el transcurso del ejercicio la temperatura corporal tiende a subir y provoca en nosotros una sensación de frío, puesto que percibimos con malestar la diferencia entre la temperatura ambiental y la de nuestro cuerpo. El uso de la manta evita este malestar y nos proporciona una sensación de bienestar y seguridad. Además, nos serán de gran ayuda los significados simbólicos que esta posee: útero materno, nido, casa, calor y cielo estrellado. En función de las reacciones térmicas que se experimenten durante la realización del ejercicio, podemos echarla a un lado, ponernos otra o quitárnosla. Únicamente en verano podremos prescindir de ella, en caso de que haga demasiado calor.

En posición supina, eliminamos todas las tensiones provocadas por la gravedad, que nos obligan a realizar continuos ajustes posturales para mantenernos en equilibrio sobre los pocos centímetros cuadrados de nuestros pies.

En determinadas circunstancias, la posición supina puede estar contraindicada. En caso de fatiga, estrés o conflictos internos, el deseo y rechazo simultáneo del rebirthing nos puede llevar a un estado de torpor o sueño, por lo que es preferible adoptar otra posición. Por lo general, el maestro nos sugerirá la más conveniente y acorde con nosotros.

La posición erguida tiene la ventaja de mantener despierto el estado de consciencia y de impedirle que se refugie en el sueño, aunque otras posiciones pueden ser también más útiles, en función de las circunstancias. Podemos apoyarnos en la pared, sentarnos en una silla o en el suelo con las piernas cruzadas, de rodillas, tumbados sobre un costado, en posición fetal, etc. Es importante que la posición elegida sea la más adecuada para nosotros en un momento concreto. Cuando hayamos asimilado perfectamente la práctica del rebirthing, nos dejaremos guiar por nuestro instinto y nuestra sabiduría inconsciente. Podremos ejercitarlo andando por la calle o en el autobús, mientras esperamos a alguien o estemos en la cama a punto de dormirnos; es más, en este último caso funciona como un excelente somnífero.

Duración

La duración de una sesión de rebirthing presenta un amplio abanico de posibilidades. En el rebirthing originario se conocía el momento del inicio, pero no el de la conclusión: los primeros maestros dejaban que el alumno siguiese su propio camino de forma espontánea y que las reacciones emotivas le envolvieran hasta su desenlace natural. Esta forma de actuar era común también a ciertos sectores del psicoanálisis: el paciente en el diván, en abreacción autógena, no debía ser interrumpido y la sesión no estaba regulada por un reloj, sino por la evolución natural de los problemas que estaba elaborando. Hoy en día son muy pocos los psicoanalistas que se atienen a esta regla, observada con más frecuencia en las sesiones de rebirthing, sobre todo en el de orientación esotérica.

Lo que ha motivado a la mayoría de los maestros a no descuidar el factor tiempo ha sido la necesidad de adecuar el rebirthing a las exigencias de la vida moderna, estructurada de manera que cada actividad, incluso la más espiritual (pensemos en las ceremonias de todas las religiones), esté rigurosamente marcada por los ritmos del calendario y del reloj. Por ello, se ha estudiado la fase de pausa, que describimos más adelante.

En la práctica, hoy en día, por lo que respecta al factor tiempo, una sesión normal de rebirthing se desarrolla de la siguiente manera. Se dedican:

— treinta minutos a atender y escuchar los problemas del paciente, para tranquilizarlo e infundirle confianza;
— una hora a la respiración circular;
— treinta minutos a la puesta en común de las experiencias.

Hemos descrito un modelo muy común de sesión individual de dos horas. De todos modos, debemos tener en cuenta que los maestros regulan de diferentes formas tanto el tiempo de la sesión completa como el de cada fase por separado. De esta manera se intenta satisfacer al máximo nuestras exigencias, adecuándolas a los ritmos organizativos a los que estamos sometidos.

Pausas

El hombre regula el curso de los ríos y contiene las fuerzas de la naturaleza para orientarlas en su propio beneficio. Así ha ocurrido también con el rebirthing, gracias a la elaboración de la técnica de la pausa. Con esta se pueden detener en cualquier momento las reacciones emotivas que actúan durante el rebirthing, dirigiéndolas hacia su conclusión. Los maestros no se comportan de manera mecánica, sino que tienen en cuenta las reacciones que estamos viviendo, para elegir el momento adecuado para llevarnos a la fase de pausa, que es una forma natural de detener el flujo abreactivo.

En muchas ocasiones, habremos visto a un niño llorando. Pues bien, se encuentran en abreacción autógena. Para lograr que dejen de llorar, para interrumpir su abreacción, hay madres que recurren a un recurso natural: soplarles por la nariz. La espiración forzada, el expulsar el aire con fuerza, despierta y moviliza el sistema nervioso central, devolviéndolo a las condiciones normales de vigilia y consciencia. En este mismo sentido trabaja la pausa: se deja de respirar de forma circular y se sopla hacia afuera el aire con fuerza, mediante tres espiraciones sucesivas. El equilibrio tónico y energético se restablece casi de inmediato y volvemos al estado de vigilia.

Maestros

La actitud de los maestros y la manera de guiar la respiración circular es bastante similar. Nos suelen invitar a tendernos sobre una colchoneta y nos indican paso a paso todo lo que debemos hacer. Nos ayudan a encontrar nuestra respiración, es decir, la que nos resulta más propia. Nos enseñan a mantenerla y a prevenir la eventual tentación de caer en el sueño, mediante advertencias verbales y, en ciertos casos, haciéndonos cambiar de posición.

Algunos alumnos son locuaces y formulan mil preguntas, pero el maestro, con calma y seguridad, nos invitará a concentrarnos en nuestra propia respiración y dejar las preguntas explicativas para la fase final, que compartiremos con todos. En realidad, el hecho de formular demasiadas preguntas es un mecanismo de defensa para no llevar a cabo el rebirthing o para reducir su eficacia. Nuestro inconsciente sabe con certeza que, al realizar esta práctica, no podremos salir de la sesión en el estado en el que habíamos entrado. Lo que nuestras fuerzas inconscientes temen con más fuerza es el cambio: de hecho, son estructuralmente rutinarias.

Aunque durante la sesión se manifiesten las descargas autógenas y las abreacciones, nos sentiremos muy seguros, puesto que hay alguien que vela con atención y amor por nosotros: no nos faltarán consejos, consuelo y orientaciones concretas. De este modo, sentiremos la alegría de llegar al final sintiendo en nuestro interior que algo está cambiando.

Los maestros, personas serias y preparadas, pueden trabajar de diferentes modos. Hay quien prefiere seguir un código materno: son dulces y mimosos. En este caso, debemos procurar no aprovecharnos de ello, pidiéndoles ayuda más allá de sus obligaciones estrictamente profesionales o llamándoles por teléfono para consultarles problemas nimios fuera del horario acordado.

Hay quien, por el contrario, prefiere el código paterno: nos guiarán con mano decidida y segura. No debemos atemorizarnos: de hecho, una aparente severidad puede ocultar una forma muy profunda de amarnos y de participar en nuestros esfuerzos evolutivos. Hay quien recurrirá a la palabra para darnos sabios consejos y buenas sugerencias; otros hablarán poco, pero nos comunicarán su simpatía y las mejores pautas de comportamiento con un lenguaje no verbal. Todos ellos, sin embargo, han realizado ese mismo trabajo antes sobre sí mismos, por lo que conocen perfectamente las potencialidades y los límites de su carácter. Por ello, están acostumbrados a prevenir y trabajar con gran profesionalidad.

Es importante depositar en ellos una confianza y un abandono totales. De hecho, no es posible emprender un camino evolutivo con una persona en la que no confiemos. Si llegamos a un punto en el que nuestras dudas son insuperables, deberíamos cambiar de maestro.

La ciencia médica propone tres puntos de referencia para la profesionalidad de sus practicantes: ciencia, experiencia y consciencia. Estos fundamentos no son esenciales sólo para el médico, sino también para el maestro de rebirthing. En los casos comunes, actúa con ciencia, es decir, aplicando lo que sabe, lo que ha estudiado y aprendido. Si el caso escapa a su saber teórico, debe recurrir a su propia experiencia, a su saber práctico y a otros casos similares que haya tratado. Si se trata de un acontecimiento tan nuevo e inesperado que le resulta completamente ajeno a su ciencia y a su experiencia, deberá acudir a su propia consciencia: decidirá en función de lo que cree más ventajoso para nosotros.

Hoy en día hay varias escuelas de formación de instructores de rebirthing y todas ellas son muy serias y valiosas. No era así al principio, cuando Leonard Orr rechazaba firmar certificados. Él creía que un alumno se convertía en maestro cuando se sentía preparado para ello, sin necesidad de controles formales. Pero, en psiquiatría, es sabido que las personas esquizoides, con delirios e inestables psíquicamente se creen preparadas para ello incluso después de una única sesión. Por ello, en la actualidad ninguna escuela sigue esta orientación del fundador.

En cuanto a su procedencia, los maestros pueden pertenecer a estas cinco categorías:

1. Psicoterapeutas: se adentran en el rebirthing de manera psicoanalítica y terapéutica.
2. Psicólogos: emplean el rebirthing para intervenciones de tipo educativo y rehabilitador.
3. Médicos: recurren al rebirthing en tratamientos de trastornos psicosomáticos.
4. Instructores: usan el rebirthing de forma evolutiva. Muchos carecen de titulación, pero han asistido a cursos de formación, como mínimo bienales, en los que, además de una parte teórica y otra práctica, han desarrollado un óptimo trabajo sobre sí mismos, y han pasado exámenes tanto teóricos como prácticos.

   Algunos, a pesar de no haber asistido a cursos de formación, han adquirido una experiencia considerable trabajando junto y bajo la dirección de grandes maestros.
5. Inspirados: defino con esta palabra a quienes, tras asistir a unas cuantas sesiones, se sienten inspirados a hacer de maestros. Por lo general, siguen la orientación esotérica.

   Muchos carecen tanto de ciencia como de experiencia, aunque están dotados de un acusado y apasionado nivel de consciencia. Están convencidos de que, para ellos, se trata de una misión que deben llevar a cabo superando todos los obstáculos. Es difícil hablar de capacidades profesionales en su presencia: pueden dejarse llevar por profundas intuiciones creativas y actitudes delirantes. Es el caso de muchos pioneros.

La mayoría de los maestros proceden del cuarto sector, es decir, de los instructores, que a menudo reciben el nombre de *rebirthers*: tienen el mérito de haber descubierto y difundido en todo el mundo el rebirthing.

Todos los que proceden de estos cinco sectores son maestros, no profesores. Maestro es quien posee una sabiduría y enseña con su propia vida y sus palabras. Profesor es quien posee un saber y lo enseña con palabras. Los maestros no son perfectos, sino que aspiran a la perfección y se esfuerzan por alcanzarla. Esto es lo que debemos aprender de los maestros de rebirthing.

Puede parecer normal, por ejemplo, que un profesor de medicina tenga el hábito de fumar, a pesar de que en sus cursos y conferencias alerte sobre los peligros del tabaco. Es un profesor, no un maestro. Sin embargo, el guía de rebirthing no debe incurrir en tales contradicciones. Estas pueden manifestarse únicamente de forma transitoria, como obstáculos que deben ser superados. Forman parte de un proceso evolutivo que desembocará en una adecuación entre palabras y acciones. Lo que debe ser imitado del maestro no es el hecho de que fume diez cigarrillos al día, sino su actitud intencional y volitiva que lo lleva a fumar «sólo» diez cigarrillos al día, mientras un mal hábito lo empujaría a fumar veinte.

Debe imitarse la actitud evolutiva, la voluntad de progresar hacia un mayor equilibrio psicofísico y espiritual, y no las inevitables debilidades a las que está sometido todo ser humano.

Conversación preliminar

Antes de empezar una sesión de rebirthing, el maestro entabla un sereno diálogo con nosotros. Su objetivo es el de obtener información con el fin de ayudarnos mejor. La conversación puede versar sobre los siguientes temas:

— el motivo que nos ha llevado hasta el rebirthing;
— problemas que motivan nuestra elección;
— nuestra historia personal;
— problemas físicos pasados o presentes;
— nuestra situación familiar;
— actividades de ocio.

El maestro está sometido al secreto profesional, por lo que podemos hablar con sinceridad y abrirle nuestro corazón. Si hay problemas que nos perturban en mayor grado y no nos sentimos con fuerza para hablar de ellos, podemos callarlos. Ya los contaremos en otro momento, si es que lo necesitamos. No debemos forzarnos a nada, ni siquiera a sonreír, sino que nos comportaremos con naturalidad y espontaneidad.

Puesta en común

La puesta en común podemos realizarla en pareja o en grupo.

La de pareja es muy sencilla: consiste en confiar a otra persona nuestras vivencias evolutivas. Al concluir la respiración circular, tras despertar, se nos concede la oportunidad de confiar al maestro todas las sensaciones físicas, todas las emociones, pensamientos, fantasías, miedos, fantasmas y alegrías que han atravesado nuestra mente. Este modo de compartir la experiencia vivida es un momento importante de elaboración, de toma de consciencia y reestructuración de nuestra vida. Siguiendo el consejo del maestro, podemos escribir, al llegar a casa, lo que hemos vivido y también nuestras reflexiones y consideraciones.

La de grupo es, por el contrario, más comprometida. Hay presentes varias personas que pueden crearnos:

— bloqueos expresivos: dificultades para comunicar a los demás nuestros estados de ánimo, a darnos a conocer, a desprendernos de la máscara social y sentirnos espiritualmente desnudos ante el prójimo;
— impulsos exhibicionistas y delirios de protagonismo: deseo de atraer la atención, de mostrarnos desinhibi-

dos, de sentirnos importantes, de aleccionar a los demás creyendo que estamos aprendiendo, etcétera;
— actitudes infantiles: deseo de atraer la benevolencia ajena, de ser mimados, de suscitar atención maternal y desarrollar actitudes victimistas.

Hay que tener presente que estos impulsos proceden de nuestras neurosis y que, por lo tanto, no deben ser satisfechos. Junto a ellos, hay oculta en nosotros una vocecita que nos puede decir en todo momento lo que es más conveniente que hagamos, digamos o callemos. Sócrates, el gran filósofo griego, decía oír esta «voz» y recurría a menudo a ella; la llamaba *daimon*, o sea, «espíritu inspirador». Percibir este consejero interior es fácil, puesto que es la voz del corazón.

Si nos sentimos confusos o tenemos dudas, concentrémonos, hagamos una respiración profunda, e imaginemos que levantamos el auricular del teléfono y hablamos con nuestro corazón. «¿Diga? ¿Está ahí? ¿Confieso o no confieso aquella turbación que sentí ante mi compañera de rebirthing?» La primera respuesta que oiremos es la que vale, la correcta, la del corazón. De este modo, haremos un buen servicio a nosotros mismos y al grupo. Daremos ejemplo de lo fácil que es expresarse con claridad y coherencia: decir lo que se piensa, pensar lo que se siente y seguir el dictado de nuestro corazón. Esta es la armonía hacia la que se orienta el rebirthing.

Sesiones en grupo

Es tan importante lograr estar realmente bien con uno mismo como estar bien con los demás. El rebirthing en grupo ofrece enormes posibilidades en este sentido. La primera reacción que tienen muchos, en cuanto se encuentran rodeados de muchas personas, es la de permanecer perplejos: muchos compañeros se muestran indiferentes, algunos antipáticos y muy pocos cariñosos. Esta sensación nos hace permanecer a la defensiva. Es sorprendente constatar cómo la situación se ha invertido al finalizar el trabajo de grupo. Todos los participantes se muestran simpáticos, se sienten amigables, como si se conocieran de toda la vida. Se intercambian las direcciones y números de teléfono y prometen volverse a ver. ¿Qué ha pasado?

Han orientado su emotividad en un sentido social y se han vuelto más sensibles a los problemas de los demás: ya no les basta con las apariencias y desean conocer a las personas más a fondo. Pero conocer a las personas más profundamente implica amarlas y amar a las personas conlleva sentirse amados. Por ello, trabajar juntos, con otros practicantes, posee un gran valor socializador.

Una sesión de grupo empieza, por lo general, con los participantes colocados en círculo. Esta disposición posee un gran valor en todas las sociedades primitivas. Concentra las energías, da protección y permite la comunicación no verbal con todos: cada cual puede mirar a los demás a los ojos. El maestro que dirige el grupo, invita a cada participante a expresar sus expectativas y a decir algo sobre sí mismo. Al final, él habla de sí mismo y de la experiencia que estamos a punto de empezar, además de proporciona la información y los consejos que crea convenientes. Organiza y dispone el grupo, de manera que los participantes

4

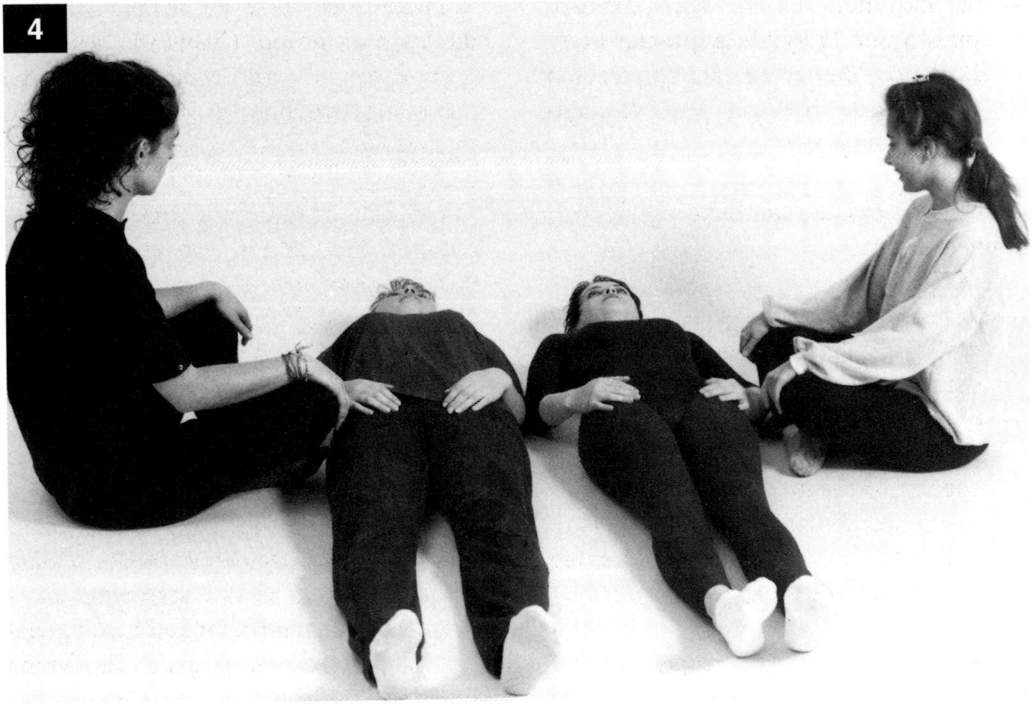

queden emparejados: los principiantes, o aquel de los dos que posea menos experiencia, se tumbará sobre la colchoneta para empezar la respiración, mientras que el más experimentado le ayudará, sentado a su lado (fig. 4).

Esta forma de realizar la sesión es muy bonita, porque permite al ayudante observar y compartir las reacciones emotivas que puedan producirse. Agudiza nuestra atención, así como la sensibilidad hacia los demás. Permite a quien está respirando sentirse protegido y seguro, así como tener alguien a quien acudir en caso de duda o incertidumbre. El maestro vela por todos con ojo atento y vigilante, reconfortándoles y apoyándoles, además de formularles sus orientaciones verbales.

Sesiones de este tipo exigen mucho tiempo. Entre otras cosas, porque al concluir la respiración circular de las personas tumbadas sobre la colchoneta, el trabajo se invierte. Los que hacían de ayudantes se prestan a la respiración circular y sus compañeros les asisten.

Esta disposición es muy útil durante el fin de semana, pero difícilmente practicable cuando el rebirthing en grupo se practica en días laborables. Por ello, muchos maestros, asediados por numerosas peticiones y con poco tiempo disponible, han modificado esta estructura. Así, hacen que veinte, treinta e incluso más personas se tumben sobre unas colchonetas colocadas en amplias salas, y delegan su asistencia en diversos maestros convocados al efecto. La ventaja que se obtiene con ello es doble:

— en un tiempo establecido, por lo general en dos horas, pueden llevar a cabo el rebirthing de toda una semana;

— la asistencia es de gran calidad, puesto que la ayuda a quienes efectúan los ejercicios de respiración proviene de maestros y no de compañeros de itinerario.

Aun así, existen también algunos inconvenientes:

— la presencia del maestro es intermitente, ya que debe ocuparse de varias personas al mismo tiempo;
— el participante está concentrado únicamente sobre sí mismo y no encuentra forma de «vivir» las emociones de los demás, a no ser de manera indirecta, durante la sesión en la que se comparten las experiencias.

Debemos tener presente que diferentes alternativas pueden ser como mínimo oportunas para poder asistir de la mejor manera posible a las exigencias de un público cada vez más numeroso.

En el agua

El rebirthing puede ser practicado también en el agua, preferentemente, en el mar, en un lago o en un río. De no ser así puede bastar con una piscina o una bañera lo bastante grande como para que podamos disponer de un mínimo de tranquilidad, de la profundidad suficiente y de una temperatura agradable para nuestro cuerpo. Dado que las vivencias que pueden manifestarse son muy intensas y tal vez produzcan alteraciones en el tono muscular y en todo el sistema neurovegetativo, el rebirthing en el agua debe realizarse siempre bajo la guía de un maestro experimentado.

Puede ejecutarse en sesiones individuales o en grupo. Cuando la sesión es individual, nos meteremos en el agua con el maestro, que nos sostendrá con las manos. Si es en grupo, se formarán unidades interactivas de tres personas. De este modo, cuando practiquemos la respiración circular nos veremos sostenidos por dos personas: un compañero y una compañera, de forma que podamos sentir tanto la firmeza paterna como la ternura materna.

La dinámica puede variar según la creatividad y la experiencia del maestro que dirige e imparte directivas al grupo. Por lo general, una sesión en el agua se desarrolla del siguiente modo. Quien tenga que practicar la respiración circular se coloca en posición fetal, con la cabeza sumergida en el agua. El cuerpo flota, sostenido por el maestro en la sesión individual y por dos compañeros en la sesión en grupo.

La respiración se produce de modo similar a la de los nadadores.

El rebirthing acuático obliga a mantener contacto corporal con otras personas y debe desenvolverse con la máxima naturalidad.

Quienes están en el agua usan trajes de baño. Sería mejor quitárselos, pero en presencia de principiantes o de personas muy inhibidas es preferible no hacerlo.

Durante la sesión acuática, el maestro y los ayudantes siguen y favorecen el desarrollo de todas las abreacciones. Es por ello que, si sentimos el deseo de patear, mover los brazos o hacer cualquier otro movimiento, somos libres de hacerlo. Estamos acunados y protegidos como niños en el útero materno; podemos hacer con plena libertad todo lo que queramos. Es un momento mágico y privilegiado: aprovechémoslo, pues no nos ocurrirá muchas veces en la vida. Normalmente, bastan unos pocos minutos para entrar en un estado alterado de consciencia y sentir como normales las posturas y actitudes más infantiles. Los ayudantes nos apoyan: pueden mimarnos y arrullarnos con las nanas que suelen utilizarse con los bebés.

Si entrásemos en un estado muy regresivo, podría darse el caso que empezásemos a mover los labios como si quisiésemos succionar. En este caso, adoptaremos una postura supina. Los ayudantes nos liberarán del bloqueo y podremos amorrarnos a un biberón (que tienen siempre a mano), a un pulgar o bien al pezón de la compañera que nos ayuda, si su sensibilidad y desinhibición lo permiten. Una vez concluida la respiración circular y agotadas las abreacciones y descargas autógenas, nos tumbaremos fuera del agua, envueltos en una manta. En esta posición, muy agradable también por la música suave y relajante que suele escucharse durante esta sesión, podemos permanecer durante un tiempo variable, entre diez y treinta minutos. Luego nos vestiremos para la puesta en común de nuestras experiencias.

Final

¿Cuánto tiempo debe durar un tratamiento de rebirthing? ¿Cuánto tiempo debemos esperar antes de obtener los primeros resultados? ¿Cuánto tiempo necesitamos para resolver definitivamente el estrés, la ansiedad, la tensión, malestar físico o trastornos psicosomáticos?

Debemos continuar con el rebirthing hasta que no hayamos resuelto el problema que nos ha llevado a empezar el tratamiento. Si, por ejemplo, los problemas eran de inquietud o ataques de pánico, el rebirthing debe continuar hasta que estos síntomas hayan desaparecido.

Por lo general, los primeros resultados se manifiestan bastante pronto, desde las primeras semanas. Los problemas se resuelven al cabo de pocos meses, si nuestra personalidad está bien estructurada y si los traumas anteriores no han causado demasiados estragos. En caso contrario, por ejemplo de debilidad mental, graves cuadros neuróticos o graves traumas anteriores, el rebirthing por sí solo no basta, sino que debe verse reforzado por una psicoterapia.

Por regla general, en casos de distonías y de malestares psíquicos de intensidad media, a los que en mayor o menor medida todos estamos sometidos, los maestros están de acuerdo en aconsejar un mínimo de diez sesiones de rebirthing asistidas, antes de proseguir en nuestra casa solos.

Para los casos de falta de tiempo, dificultad en encontrar un maestro u obstáculos para completar las diez sesiones, se ha elaborado un método para autodidactas que se describe con detalle en el próximo capítulo.

Rebirthing para autodidactos

Se trata de una novedad. Por lo general, tanto las escuelas de formación como los maestros desaconsejan adentrarse sin un guía en el rebirthing. Esta actitud es muy sabia, pero una evolución de la orientación originaria representa un fenómeno natural. Veamos, por ejemplo, lo que ha sucedido en el psicoanálisis.

Freud, fundador del psicoanálisis, prohibía a los analistas cualquier tipo de contacto corporal con sus pacientes, hasta el punto de que el gran psicoanalista y profesor americano Robert Langs, en su obra *La técnica de la psicoterapia analítica*, interpretando correctamente los preceptos freudianos, alertaba de que el psicoanalista ni siquiera puede recoger un objeto que haya caído de manos de su cliente, puesto que este objeto constituye una prolongación de su cuerpo.

Esta norma se inspiraba también en una gran sabiduría: se trata de una deferencia hacia el paciente, con el fin de no crearle falsas expectativas. Sin embargo, Freud murió en 1939 y el psicoanálisis ha evolucionado. Con Wilhelm Reich y Alexander Lowen se ha llegado al análisis y la mediación corporal, que no respeta la regla que prohibía el contacto con el cuerpo del paciente. Además, las tendencias psicoanalíticas más recientes han descubierto la posibilidad del autoanálisis y han elaborado técnicas adecuadas para autodidactos.

De la misma forma, el rebirthing, adecuándose a la nueva realidad social y a las exigencias de un público cada vez más amplio, se ha visto sometido a transformaciones y, en ciertos casos, ha superado los prejuicios sobre la presencia indispensable del guía. Con objeto de aproximarse a quienes, por razones psicológicas, organizativas o económicas, no pueden practicar el rebirthing con un guía, se ha elaborado un método para autodidactos. Siguiendo atentamente las normas prescritas, podremos disfrutar de los grandes beneficios del rebirthing con absoluta tranquilidad.

Hay quien puede preguntarse a qué viene tanta prudencia en la práctica de una respiración que, como explicaremos más adelante, es tan natural como andar o correr. Y es que no todo el mundo, por ejemplo, puede correr, y en el rebirthing se corre: la respiración natural se ve potenciada y se amplía. Y es que si corro, salto y hago ejercicios gimnásticos, después lograré andar mejor, puesto que el más contiene también el menos: correr contiene caminar, pero no al revés. Del mismo modo, el rebirthing usa la respiración más energética y potente, de forma que pueda contener todas las demás.

Ejercicio práctico

POSICIÓN

Para empezar, nos colocaremos en posición supina; debe desecharse cualquier otra posición. La posición supina, ilustrada en la figura 5, es la más cómoda para la relajación.

A continuación, nos tumbaremos sobre una colchoneta boca arriba. La colchoneta debe ser rígida para evitar posiciones que obstaculizarían la hipotonía muscular. Por suerte, últimamente se han puesto de moda los colchones rígidos y los somieres de láminas de madera, por lo que nuestras camas suelen estar adaptadas para la relajación. En caso de disponer todavía de colchones de espuma y somieres de muelles muy blandos, será preferible relajarse sobre una alfombra o una manta extendida sobre el suelo.

El cuerpo debe estar bien colocado: piernas separadas (los pies separados unos 20 cm entre sí), brazos apoyados a lo largo del cuerpo con un ángulo de unos 120 grados, las palmas de las manos hacia abajo y los ojos cerrados.

PREPARACIÓN

En posición supina, concentraremos el pensamiento sobre nuestros propios músculos, visualizándolos y percibiéndolos. Lentamente, empezaremos a relajar todos los músculos del cuerpo, uno a uno, empezando por los pies y llegando hasta la nuca, y después volviendo a bajar desde la cara hasta el abdomen. De hecho, si el pensamiento se concentra sobre un músculo, este se relaja.

Para facilitar la ejecución de este ejercicio, puede ser útil imaginar que vemos los músculos como si se reflejaran en un espejo. Hay a quien, por el contrario, le será más fácil escuchar las vibraciones, pulsaciones y hormigueos que se perciben en el interior de cada uno de nuestros músculos. Es importante pensar en el músculo como si estuviera relajado, distendido y tranquilo, al igual que hacen los espectadores cuando están absortos al contemplar algo.

Esta fase, que es de preparación para el rebirthing propiamente dicho, tiene una duración de unos tres minutos y se realiza escuchando todo lo que ocurre en el cuerpo, dejándose mecer por las sensaciones que se experimentan.

5

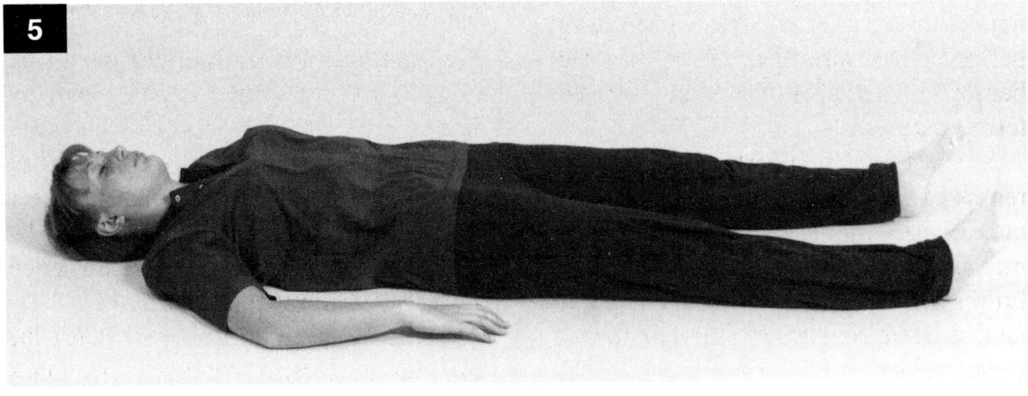

EJECUCIÓN

Mientras todavía estamos escuchando las sensaciones que atraviesan nuestro cuerpo, empezaremos a desplazar la atención hacia el ritmo respiratorio.

A medida que el pensamiento se concentra en la inspiración y la espiración, iremos notando que el volumen de la respiración tiende a aumentar. En ese momento, nos dejaremos envolver voluntariamente por su ritmo, favoreciendo así la entrada de aire en los pulmones. Debemos procurar que la respiración se haga cada vez más profunda, aunque siga siendo calmada y relajada. Jim Leonard y Phil Laut, estudiosos americanos del rebirthing, dicen que esta respiración debe ser como una música que se escucha en el volumen exacto. Si es demasiado alta o demasiado baja, la música no surte el efecto deseado. Por ello, cada uno debe adoptar la forma más apropiada de respirar según su propia persona y sus propias tensiones musculares.

La espiración se producirá de forma natural, puesto que los pulmones, una vez alcanzada la máxima expansión, se distienden espontáneamente y empujan el aire hacia fuera. Por lo tanto, no deberemos expulsar el aire, como suelen hacer las personas que sufren estrés, sino que dejaremos que el aparato respiratorio permita que el aire fluya libremente. Debemos respirar profundamente y sin interrupción.

Si la respiración ha sido correcta, notaremos cómo el pecho, bajo el cual tenemos la mano, asciende durante la inspiración y desciende durante la espiración. La respiración debe ser circular y continua, es decir, sin pausas entre inspiración y espiración.

El autodidacta deberá respirar siempre por la nariz, a menos que se lo impida alguna obstrucción. La respiración por la boca es más fuerte, puesto que es mayor el volumen de aire que penetra en los pulmones. Por ello, debe ser practicada sólo con la ayuda de un instructor experto. Por la nariz, por el contrario, es más suave, por lo que es más fácil practicarla solos.

Al cabo de unos minutos, la respiración tiende a hacerse automática y a producirse por sí sola, sin la participación voluntaria de la persona, quien deberá favorecer este automatismo diciendo mentalmente: «Ahora mi respiración se ha vuelto automática, fluye sola».

Si tuviéramos alguna dificultad para conseguir automatizar la respiración, podemos recurrir a la imagen de la «florecilla». Nos imaginaremos una florecilla blanca (flor = apertura, blanco = liberación) colocada en el ombligo e, inspirando, imaginaremos que sube desde el interior (diafragma, pulmones y garganta) hasta la nariz y después, al espirar, la veremos salir al exterior para llegar nuevamente hasta el ombligo. En cada respiración, este ciclo se repite. Respiraremos de esta manera hasta el final.

PAUSA

En cuanto decidamos que vamos a acabar el ejercicio, como se dirá más adelante, realizaremos tres respiraciones profundas con el estómago, soplando, es decir, expulsando el aire hacia fuera como si quisiéramos apagar una vela. Así, la respiración volverá en poco tiempo a ser normal y regular.

Escuchamos todas las sensaciones que atraviesan nuestro cuerpo, dejándonos mecer por ellas, aunque algunas puedan ser desagradables. Esto provoca, de forma gradual, la desaparición completa de cualquier sensación anómala y el cuerpo se siente relajado y lleno de vigor.

DURACIÓN

Depende mucho de nuestra capacidad de reacción. La primera vez, se aconseja empezar realizando veinte respiraciones completas y parar después. De este modo, podremos escuchar todas las sensaciones que atraviesan nuestro cuerpo. Por lo general, sentiremos hormigueos y vibraciones en distintos puntos.

Raramente ocurre que una persona pueda sentir reacciones psicofísicas de gran intensidad (mareos, conatos de vómito, sensación de ahogo, etc.), aunque en caso de que se produjeran debemos parar inmediatamente. Se puede volver a intentar al día siguiente, aunque si se volvieran a manifestar estos problemas sería preferible ponerse en manos de un experto en rebirthing, renunciando a practicar el ejercicio de forma autodidacta.

Si, por el contrario, completamos las veinte respiraciones sin que haya ocurrido nada especial, podremos continuar un poco más, sin contar las respiraciones, durante unos cinco minutos.

Durante la primera semana, la duración será siempre de cinco minutos y practicaremos el ejercicio una vez al día, a ser posible por la noche, acostados en la cama y antes de conciliar el sueño. De este modo, después del rebirthing podremos obsequiarnos con un profundo sueño restaurador. El ejercicio puede practicarse también a otras horas, siempre que sea a cierta distancia de las comidas. En este caso, es oportuno permanecer un tiempo en la posición relajada antes de incorporarse tras el ejercicio.

La segunda semana, la duración será de diez minutos, en días alternos.

La tercera semana, la duración será de quince minutos, un día sí y dos no.

La cuarta semana, el rebirthing se practicará dos veces durante veinte minutos.

A partir de la quinta semana, lo practicaremos una vez a la semana, con una duración que puede oscilar entre treinta minutos y una hora, según las posibilidades psicofísicas y la disponibilidad de tiempo de cada persona.

Los consejos respecto a los minutos y las semanas son sólo orientativos; muy pronto el practicante hallará sus propios ritmos y tiempos. Al cabo de tres meses, el rebirthing se puede realizar cuando sintamos necesidad de ello y durante el tiempo que creamos oportuno.

REINCORPORACIÓN

Después de activar la pausa, estaremos atentos a todas las sensaciones que atraviesen nuestro cuerpo, hasta que cada percepción anómala y cualquier rastro de tensión haya desaparecido, lo que suele producirse al cabo de cinco minutos. A continuación, podremos pasar a reincorporarnos. Realizaremos unas enérgicas flexiones con los brazos y movimientos con los pies. Esto nos ayudará a recuperar el tono muscular normal y reemprender las actividades usuales.

Entre la pausa y la reincorporación, es aconsejable dejar pasar el máximo tiempo posible. Se trata de una fase en la que se producen profundas reestructuraciones emotivas y una carga energética importante. Entre la pausa y la reincorporación se debería dormir un poco. Mejor aún sería si practicáramos el rebirthing por la noche, antes de dormir, de forma que, tras la pausa, pudiéramos abandonarnos a un profundo sueño reparador. Por la mañana, al despertarnos, no será necesaria ninguna reincorporación: bastará con que nos desperecemos, como se hace normalmente antes de levantarse.

DESCARGAS AUTÓGENAS

Durante el rebirthing se pueden producir descargas autógenas, que son crisis de ajuste. Cuando se manifiesten, el autodidacto deberá permanecer tranquilo, puesto que si sigue con la respiración, estas reacciones seguirán su curva fisiológica para desaparecer después y dejarlo en un estado de profundo bienestar.

Las descargas autógenas pueden afectar a varios aparatos:

— al sistema nervioso: tensión en la cabeza, con mareos, martilleo, rememoración de experiencias vividas, miedos, alegría desmedida, visiones paradisíacas, alteraciones del movimiento, etcétera;
— al aparato muscular: calambres, bloqueos, parálisis momentánea de una extremidad, músculos que saltan, vibran, etcétera;
— al sistema cardiovascular: arritmias cardíacas, calor y frío intensos, temblores, hormigueos, etcétera;
— al aparato respiratorio: sensación de ahogo, dificultad para inspirar, para espirar, tensiones en los pulmones, etcétera;
— a la zona perineal: constricciones, distensiones, placer difuso, placer intenso, turbaciones, etcétera.

Ante estas manifestaciones, podemos elegir entre dos modalidades de comportamiento:

— aplicar la pausa y bloquear así este proceso. De esta manera, sin embargo, la eficacia es menor aunque, de cualquier forma, permite una lenta, dulce y agradable distensión;
— respirar a través de la zona en tensión. Es decir, imaginar que la respiración, en lugar de salir por la nariz, sale por una pierna, por el estómago, por la cabeza, por la espalda, etc., si alguna de estas partes ha sido afectada por una descarga autógena. Así, podremos superar el malestar, que puede alcanzar cotas muy elevadas, de forma serena obteniendo un gran beneficio del rebirthing. En los diez mil casos experimentados en Estados Unidos, por muy intensas que hayan sido las reacciones psicofísicas, todas las personas las han superado con enorme provecho y nadie ha sufrido ningún trauma.

CONTRAINDICACIONES

No pueden practicar solos el rebirthing los psicóticos, los neuróticos graves, los débiles mentales, los niños, ancianos, mujeres embarazadas, epilépticos y, en general, todos aquellos que padezcan reacciones emotivas violentas e intensas. Estas personas pueden gozar de las ventajas del rebirthing sólo si lo practican bajo la guía de un experto.

El estado febril y cualquier enfermedad que afecte al organismo impiden la práctica del rebirthing.

Algunos medicamentos interfieren en el proceso neuromuscular activado por la respiración; por lo tanto, durante su consumo se desaconseja la práctica del rebirthing en solitario. Es preferible recurrir a la guía de un experto, que sabrá dosificar, reconducir y frenar los flujos de energía que afectan a las diversas áreas psíquicas y corporales. El consumo de medicamentos, por lo tanto, no está contraindicado en la práctica del rebirthing, siempre que se practique con prudencia.

Autoguía verbal

Las palabras guía, que se exponen a continuación para un mejor asesoramiento del autodidacta, pueden ser pronunciadas, susurradas o solamente pensadas, en función de cada persona. Normalmente, basta con pensarlas.

Estoy tumbado boca arriba.

Mis brazos están estirados a lo largo del cuerpo, con el codo doblado en ángulo recto.

Las palmas de las manos están orientadas hacia abajo. Cierro los ojos y hago una respiración profunda. Dejo que mis pensamientos se desvanezcan como nubes al viento.

Ahora pienso en mis pies, en los músculos de los pies y en los tobillos, en las pantorrillas, en los muslos, en los glúteos, en la espalda, en los hombros, en los brazos, en las manos, en el cuello, en la nuca, en la frente, en los ojos, en los labios, en todos los músculos de la cara. Siento que mi lengua se despega del paladar y se adhiere a la mandíbula inferior. Pienso en los músculos del pecho, del abdomen y del perineo (la parte del cuerpo que se apoya en el sillín cuando voy en bicicleta).

Me concentro y permanezco a la escucha de todas aquellas sensaciones que atraviesan mi cuerpo.

Ahora, concentro mi pensamiento en la respiración. Siento cómo entra el aire por mi nariz y desciende hacia los pulmones. Siento que mi respiración aumenta. Observo la amplitud de mis respiraciones. Mi respiración es lenta, prolongada y profunda, sin interrupciones. Ahora, mi respiración se ha vuelto automática, va sola.

(Cuando decida pararme, activaré la pausa.)

Ahora, hago tres respiraciones profundas con la barriga y expulso el aire soplando, como si apagara una vela. Mi respiración se vuelve normal, suave y regular.

Ahora, escucho todas las sensaciones que atraviesan mi cuerpo y me dejo mecer por ellas. Permanezco así hasta que sienta mi cuerpo completamente libre y relajado.

Ahora, me preparo para un despertar sereno. Respiro profundamente y muevo con lentitud las puntas de los pies y los dedos de las manos (tres veces). Ahora, aprieto los puños, los llevo hacia los hombros, inspirando profundamente, y después los vuelvo a llevar hacia delante, espirando (tres veces).

Por último, abro los ojos.

Rebirthing integrado

A partir de los años setenta, el rebirthing ha experimentado una extraordinaria difusión por todo el mundo. Al entrar en contacto con las culturas más diversas, ha debido adaptarse y absorber diferentes modos de pensar que lo han enriquecido.

A partir del análisis de sus potencialidades y de las actitudes mentales más ventajosas para producir cambios interiores, se han podido determinar los cinco elementos característicos del rebirthing: respiración circular, relajación, consciencia, integración y presencia.

A partir del contacto con otras áreas de pensamiento y metodologías psicológicas, por el contrario, se ha llegado al método de la afirmación.

Ahora examinaremos con detalle estos elementos.

Los cinco elementos

En realidad, no son más que una toma de consciencia y una explicitación de las potencialidades que el rebirthing siempre ha poseído desde sus orígenes.

Se pueden también reducir a tres, como hacen algunos, pero la sustancia no cambia: el modo de considerar un fenómeno desde el punto de vista analítico, por partes y no por conjuntos, es típicamente occidental. Bien mirado, estos elementos se necesitan unos a los otros y están tan interrelacionados que no se pueden considerar aisladamente.

Podemos comparar el rebirthing con una inmensa fuente de agua; a nosotros, los europeos, nos es consustancial mirarla desde cinco perspectivas distintas, mientras que los orientales describirían la fuente en su conjunto mirándola desde arriba, a ser posible desde la cima de una montaña.

RESPIRACIÓN CIRCULAR

Es una forma de respirar a la que ya nos hemos referido anteriormente. Sus elementos constitutivos son tres:

— inspiración, que será lenta, serena, profunda, aunque en ciertos casos podrá hacerse más rápida;
— espiración, que también será calmada y relajada, acompasándose al descenso natural de los pulmones;
— falta de pausas o interrupciones entre la inspiración y la espiración, y viceversa.

Se nos puede preguntar el motivo por el que el rebirthing ha inventado precisamente este tipo de respiración. La respuesta es muy simple: es la respiración más normal, más natural y más primitiva que existe. Nunca ha sido inventada, sino descubierta: descubrir significa retirar el velo que cubre algo. Nuestras neurosis cubren este tipo de respiración que poseemos y con el rebirthing podemos «descubrirla». Quien no padezca neurosis no necesita practicarla, puesto que ya respira de un modo natural.

Respiran de forma natural, es decir, circularmente:

- — los animales; basta con mirar a nuestro perro cuando está acurrucado a nuestros pies, o a nuestro gato cuando se hace un ovillo sobre el sofá;
- — los niños pequeños, que aún no están condicionados por la educación de los adultos;
- — los primitivos, es decir, los hombres que todavía no han accedido a la «luz» de la civilización;
- — nosotros mismos, cuando dormimos de forma serena y tranquila, cuando corremos o hacemos el amor;
- — nosotros mismos, tras practicar correctamente rebirthing, habiendo asimilado la filosofía que lo preside.

Nuestra vida está comprendida entre dos respiraciones: la primera se produce inmediatamente después del nacimiento y señala el inicio de la vida; la última se produce justo antes de morir y señala el final de la existencia. Entre estos dos instantes, practicamos millones de respiraciones que reflejan la calidad de nuestra vida. Si respiramos de forma amplia y continuada, quiere decir que sentimos un gran deseo de vivir. Si respiramos poco y entrecortadamente, tenemos un deseo de vivir limitado e incierto.

Las personas optimistas, confiadas, alegres y enamoradas respiran a pleno pulmón y, por término medio, consumen tres litros de aire en cada respiración. Por el contrario, las personas tristes, deprimidas o ansiosas, respiran con los pulmones comprimidos, inhalando cada vez medio litro de aire e incluso menos. La reducción del volumen de aire introducido en los pulmones alarga las pausas.

Es sabido que el estado de ansiedad, de incertidumbre y de miedo mantiene a las personas con la respiración entrecortada. Una de las pausas más conocidas es la que nos asalta en el sillón del dentista, cuando el miedo de sentir dolor y la tensión que nos invade nos constriñen a contener la respiración. Al subirnos a una silla o hacer cualquier esfuerzo, la mayoría de nosotros contiene la respiración. El motivo es el siguiente: nos encontramos en una situación de estrés en la que no podemos vivir y, por tanto, no podemos respirar.

Hay quien logra no interrumpir la respiración porque no sufre la tensión cuando desarrolla una acción cualquiera, mientras que otros viven de forma estresante. Son personas que han aplicado un buen trabajo sobre sí mismas y se desenvuelven de manera armónica: así, cuando se suben a la báscula para pesarse no hacen dar a la aguja cientos de oscilaciones antes de detenerse en el peso exacto, porque suben con calma. Estos conceptos serán desarrollados más adelante, al abordar la biorrítmica.

Ahora bien, es importante tener en cuenta que nuestro modo de vivir se refleja en nuestro modo de respirar, y viceversa. Si vivimos de manera distónica y desordenada, nuestra respiración será distónica y desordenada. Cambiar la forma de respirar significa cambiar la forma de vivir. Si regulamos nuestra respiración, regularemos también nuestra vida.

Debemos pensar en la respiración como en un lugar en el que se dan cita todas las emociones, todos los pensamientos y todos los instintos. Cualquier turbación, cualquier estado de ansiedad, de inquietud, miedo, sentimiento de culpa, así como cualquier desequilibrio eufórico, interfiere en nuestra respiración, hasta el punto que se podría decir: «dime cómo respiras y te diré quién eres».

El objetivo no es otro que el de lograr respirar de forma libre, para ser inmunes a los mil condicionamientos y compromisos a los que nos obliga la sociedad y para conseguir «ser dueños de nosotros mismos», según la fórmula freudiana.

RELAJACIÓN

Es la base principal sobre la que se funda cualquier técnica que se proponga el bienestar psicofísico de la persona.

Si deseamos entrar en el mundo del rebirthing, debemos dejar a un lado la prisa. En ningún caso sentiremos la impaciencia de empezar, acabar u obtener resultados. La prisa lo bloquea y lo paraliza todo: reduce o anula los efectos de cualquier técnica evolutiva.

Los orientales son auténticos maestros en actuar y moverse lentamente, en una atmósfera sin tiempo. «Vísteme despacio, que tengo prisa», decía un gran sabio.

Con el rebirthing nos acercamos a la naturaleza, y la naturaleza actúa de forma gradual: el sol sale lentamente y se pone lentamente, y así se abren las flores, las mariposas salen de los capullos y se mueven por la nieve los osos polares en busca de comida.

En el lado opuesto de la prisa se encuentra la pereza. La pereza, como obstáculo que impide la relajación, no suele ser objeto de atención. Sin embargo, bloquea las energías y las paraliza en nuestro interior.

En la relajación, las energías deben circular, no almacenarse (pereza), ni verse obstaculizadas por la aceleración (prisa).

Relajarse supone siempre dejar a un lado cualquier otro pensamiento y concentrarse en nuestro propio cuerpo. Una persona relajada es como una persona en meditación: está concentrada sobre algo, no está durmiendo.

Cuando pensamos en nuestro cuerpo y en las sensaciones que lo invaden, estamos relajados, es decir, nos encontramos en un estado de concentración pasiva. La expresión puede parecer contradictoria, pero ilustra el concepto de una persona atenta, a la expectativa de lo que ocurre en el teatro de su cuerpo.

Más adelante propondremos algunos consejos prácticos en este sentido.

CONSCIENCIA

Durante la respiración circular, incluso si hemos penetrado en un estado alterado de consciencia, una parte de nosotros permanece siempre alerta, para escuchar lo que ocurre dentro y fuera de nosotros. Así, nos concentramos dejándonos mecer y asumiendo todo lo que nos sucede. Nuestra voluntad también puede intervenir para frenar, desviar, reprimir o favorecer las sensaciones que se manifiesten.

También en este caso, como en la relajación, debemos conservar un estado de concentración pasiva. Mientras que en la relajación, la consciencia se limita al cuerpo, en este caso reside en todo el organismo biopsíquico y en sus manifestaciones. Por tanto, deberemos dirigir nuestra atención hacia aquello que, en un momento determinado, afecta a nuestra mente: sensaciones, emociones, reflexiones, imágenes, percepciones externas, etc. Una sabiduría inconsciente hará aparecer lo vivido en el momento oportuno. «La lengua se suelta cuando el diente empieza a doler», dice un proverbio popular.

Si estamos inmersos en la consciencia de todo lo que sucede dentro y fuera de nosotros y lo disfrutamos, no sentiremos necesidad alguna de hablar ni de comunicarnos con el maestro para pedirle explicaciones o informarle acerca de lo que estamos viviendo. Las palabras dirigidas al maestro serán, simplemente, peticiones de ayuda para profundizar en la consciencia o para sortear obstáculos que puedan aparecer en nuestro camino.

Si se da el caso de que no sintamos nada, permaneceremos concentrados pasivamente sobre la nada, es decir, vaciaremos nuestra mente. Si nos resulta imposible y nos invade un estado de inquietud, una sensación de perder el tiempo y de una clara constatación de inutilidad, se lo haremos saber al maestro. En este caso, la respiración circular debe interrumpirse y la sesión individual seguirá poniendo en común lo ocurrido.

Si el hecho no es ocasional, sino que se produce de manera repetida, podemos pensar que el hábito de control y represión impide que emerja lo vivido. En este caso, el maestro, en función de su experiencia, nos podrá aconsejar la práctica del vivation, la biorrítmica u otras técnicas más adecuadas para nuestro caso.

INTEGRACIÓN

En nuestro cuerpo, todo está perfectamente integrado y todos los órganos, desde el cerebro hasta los intestinos, de los brazos a las piernas, trabajan por un único fin: el bienestar del individuo.

Si esta integración no se produjera, si un órgano decidiera actuar de forma autónoma, produciendo más células de las necesarias, nos encontraríamos en una situación de enfermedad: el tumor. Las células cancerosas son células que no obedecen al principio de integración, se multiplican por su cuenta, independientemente de las necesidades del organismo.

De forma análoga, el intento de separar nuestros intereses personales de los de la comunidad en la que vivimos no deja de ser una actitud miope y suicida. Freud hablaba de pulsión de vida y pulsión de muerte. Cualquier pulsión hacia el rechazo, la separación y la hostilidad nos lleva a la desintegración, a la destrucción y a la muerte. Y al revés, cualquier pulsión hacia la aceptación, la alegría y el entusiasmo nos conducen hacia la integración, la construcción y la vida.

En el transcurso de la respiración circular, nuestra atención puede centrarse en manifestaciones de distintas clases, que no siempre son agradables, aunque deben llegar a serlo. Pueden ser:

- sensaciones de dolor en los brazos, piernas, estómago, intestino, corazón, etcétera;
- emociones como ansiedad, angustia, miedo a la muerte, a cambiar, a peligros inminentes, etcétera;
- imágenes tristes, terroríficas, de hombres, mujeres, niños y animales en situaciones espantosas, etcétera.

Aunque no siempre es fácil, es importante que reconduzcamos estas manifestaciones hacia el espíritu de vida: que las acojamos, las escuchemos y comprendamos lo que nos quieren decir, como si oyéramos a un amigo íntimo que no veíamos desde hacía tiempo y que ha venido a vernos, dándonos una gran sorpresa.

En ningún caso debemos tratar de alejarlas o rechazarlas, ya que esta actitud es suicida y nos conduce al espíritu de muerte.

Estas manifestaciones han venido a buscarnos, porque quieren lo mejor para nosotros, nos aman, sin partes separadas de nosotros que sienten el deseo de reintegrarse y volver a unirse. Perciben que su presencia es necesaria, nos quieren ayudar en nuestro camino evolutivo y tienen un mensaje que darnos y al que debemos ser receptivos.

PRESENCIA

Ya hemos hablado anteriormente de la actitud de espectador que debemos mantener ante nuestras sensaciones y emociones.

El espectador mantiene una actividad interna característica que le induce a gozar de la escena a la que está asistiendo. Pero en el rebirthing, el espectador y el actor se funden en una sola persona, por lo que la actitud se convierte en participación contemplativa. Se trata precisamente de lo que debemos hacer durante toda la sesión: disfrutar activamente de todo lo que ocurre dentro y fuera de nosotros, puesto que todos esos acontecimientos son positivos, bellos, buenos y útiles. Basta con que retiremos de nuestros ojos el velo de la distonía y miremos el mundo de la manera adecuada.

Descubriremos entonces que nuestros errores y los de los demás se deben a una causa precisa que los ha provocado y que ya no tenemos ningún control sobre ellos. Descubriremos también que el presente es el único tiempo que tenemos que vivir, porque el pasado ya no existe y el futuro todavía tiene que llegar.

Comprenderemos, por último, que todos los miedos que nos impiden vivir libremente y con entusiasmo carecen de todo sentido, incluido el miedo a morir: de hecho, «cuando la muerte haya llegado, nosotros nos habremos ido», como observaba sabiamente Epicuro.

Adoptar este modo de pensar y empezar a vivir en el presente puede resultar difícil, pero podemos intentarlo. La alegría que experimentaremos cambiará nuestra vida. De hecho, el presente es el lugar en el que vive la divinidad. Dios no conoce pasado ni futuro, vive en un eterno presente, sin principio ni final.

Viviendo en la dimensión del presente, muchos practicantes de rebirthing, al igual que los místicos medievales o los maestros orientales, se han sentido proyectados hacia el Universo, en el seno de la divinidad, partícipes de una armónica beatitud, en un estado que podríamos calificar de éxtasis. O bien han tenido la sensación de que el universo, la divinidad y la naturaleza entera penetraba en ellos, sumergiéndoles en un amor universal, en un estado que podríamos calificar de *ín-tasis*.

Estos estados tan intensos de éxtasis e íntasis son, por lo general, transitorios, ya que duran pocos segundos o apenas unos minutos, y sirven para darnos un impulso hacia delante, proponiéndonos metas más ambiciosas. Dejan en nuestro interior la dicha de haber experimentado formas de vida distintas, más libres y armoniosas, que fuera de las sesiones nos pueden ser útiles en el ámbito laboral y en nuestra vida personal. Este es el objetivo de toda técnica que se proponga un fin evolutivo.

Las afirmaciones

Son palabras o imágenes que nos proponen un esquema operativo beneficioso para la solución de nuestros problemas.

Era inevitable que, al querer armonizar la persona en todos sus componentes, se abordaran las dinámicas mentales. Por otro lado, un movimiento cultural como el rebirthing, que se propone los mismos objetivos que el psicoanálisis, aunque con una orientación evolutiva y no terapéutica, tarde o temprano debía sentir la fascinación y la influencia de este campo. Y así ha ocurrido que todos los problemas que suelen asaltar el corazón humano han pasado por el cedazo de las afirmaciones, las cuales, estructuradas de forma más o menos variada, ya eran conocidas en psicología: psicoanálisis asertivo, psicosíntesis, psicoterapia autógena, hipnosis sugestiva, etc.

Características

Para entender cómo se construye una afirmación, antes debemos apuntar que el comportamiento humano está dirigido e influido por las convicciones inconscientes, las emotivas y las instintivas. Estas tienen un poder decisorio que llega hasta el 80 %, mientras que las convicciones racionales, conscientes, que expresamos verbalmente en la vida diaria, tienen un poder decisorio muy escaso, de un 20 %. Estas pueden influir en nuestro comportamiento sólo si están de acuerdo con las convicciones inconscientes, ya que en caso contrario, actúan como fuerzas perturbadoras: no sólo no logran impedir la acción impulsada por el inconsciente, sino que provocan ansiedad, tensión, sentimiento de culpa, etc.

Pero, ¿cómo se han establecido en nuestro interior las convicciones inconscientes? Con la educación: con la repetición obsesiva de normas y principios, con la asimilación de esquemas comportamentales, con críticas y valoraciones estereotipadas sobre nuestra conducta y la de los demás, etc. El factor determinante es la repetición, el motor del aprendizaje inconsciente.

También las convicciones religiosas, que pueden santificarnos o fanatizarnos, han penetrado en nosotros de esta forma no racional, a través de la educación. Ha sido después cuando hemos aprendido a utilizar la razón para defender nuestra religión frente a las demás.

Por ello, la forma de construir las afirmaciones no puede tener en cuenta los razonamientos, sino únicamente las fuerzas inconscientes, puesto que poseen un poder decisorio, y es con ellas con las que debemos ajustar las cuentas pendientes. Tratemos de convencer a un niño hambriento de que hoy no va a comer, porque no quedan provisiones en la despensa, y el niño seguirá pateando y llorando sin que ningún razonamiento pueda llenar su estómago vacío. Pues bien, el inconsciente es como un niño pequeño: obedece sólo a las necesidades, no a los razonamientos.

A continuación, se describen algunas normas que respetan las necesidades de nuestro inconsciente. Las afirmaciones deberán ser:

Claras. «Cuando queráis decir sí, decid sí; cuando no, no», decía Cristo a los apóstoles. Él era un maestro en el arte de hablar al inconsciente, al corazón de las personas.

Las afirmaciones deben construirse de la forma más sencilla, breve y clara que sea posible.

La siguiente afirmación: «Hacer cualquier cosa que se esté haciendo, porque todo va bien», a pesar de que contiene un mensaje muy bello, resulta incomprensible para el inconsciente, y por lo tanto no es utilizable en la práctica. Sin embargo, la afirmación equivalente «apurar el presente» resulta comprensible y, en consecuencia, utilizable.

Positivas. El inconsciente no lee el «no». De hecho, la negación tiene su origen en la racionalidad que analiza, selecciona y divide, mientras que el inconsciente es primitivo, conoce sólo aquello que es afirmado, no lo que es negado.

El inconsciente sigue leyendo las frases siempre de la misma manera, a pesar de que las transformemos en su contrario mediante la negación.

Una maestra dice a sus alumnos: «Niños, pensad en un elefante» —todos los niños piensan en un elefante—; «ahora no penséis más en ese elefante» —seguirán pensando en un elefante—; «ahora no penséis en un elefante, sino en una hormiga» —los niños pensarán tanto en el elefante como en la hormiga—; «ahora no penséis ni en un elefante ni en una hormiga» —los niños pensarán tanto en el elefante como en la hormiga.

Este mecanismo es perfectamente conocido incluso fuera del ambiente evolutivo y terapéutico. Lo suelen utilizar los políticos, los periodistas y los conferenciantes cuando desean atraer la atención sobre un hecho, fingiendo que lo niegan.

Pongamos un ejemplo. Imaginemos que un diputado quisiera criticar, sin comprometerse, a un político X, que está siendo investigado. Se expresará más o menos como hemos oído muchas veces en el telediario: «No estoy en condiciones de decir si X se ha apropiado del dinero de todos los españoles; eso debe decirlo el juez» —atrae la atención tanto sobre los delitos de los que se acusa a X como el hecho de que está siendo procesado por la justicia—; «tampoco puedo afirmar que estas prácticas hayan incidido negativamente en el descrédito del Parlamento» —atrae la atención sobre la corrupción de ciertos políticos—; «ni qué implicaciones pueda tener todo ello con las tramas mafiosas» —atrae la atención sobre la connivencia de ciertas personas con organizaciones mafiosas—; «cierto es que todo ello no podrá perjudicar a la democracia» —frase adicional que, con su banalidad, pone énfasis en las acusaciones formuladas anteriormente.

Hemos puesto estos ejemplos para demostrar la importancia del uso del «no» en la conversación, cuando se pretende hablar de manera convincente.

El «no» sirve también para preservar la razón y abrir un acceso hacia el inconsciente.

Una chica ansiosa, presa de una profunda inquietud, se presentó en la consulta de un psicoterapeuta para exponerle su estado. Este, con afabilidad y mirándola a los ojos, empezó a hablar: «No puedo decir que seas una persona muy tranquila; se deduce de tu forma de sentarte en la silla. Pero puedo percibir que sientes un gran deseo de calma y de paz interior.» La chica cambió inmediatamente de actitud, se relajó en la silla, se apoyó en el respaldo y continuó exponiendo sus problemas con un tono de voz más sereno.

El uso del «no» había apaciguado su mente: se sentía realmente comprendida. El psicoterapeuta decía cómo estaban las cosas, no trataba de engañarla con pensamientos positivos absurdos. De esta forma ella pudo hablar en confianza. Esta actitud había permitido que cuatro mensajes positivos alcanzaran su inconsciente («calma», «tranquilidad», «paz», «quietud»), provocando una transformación de su estado emotivo.

Las afirmaciones deben construirse siempre de manera positiva: «estoy tranquilo», «estoy contento», «estoy seguro». Nunca de manera negativa: «no estoy ansioso», «no estoy deprimido», «no soy tímido», porque se convierten en frases que refuerzan el estado negativo.

El «no» puede ser usado en el diálogo y en la conversación, para distinguir, aclarar y precisar; pero debe tenerse siempre muy en cuenta que atrae la atención sobre lo que se quiere negar.

Convincentes. Al construir la afirmación, hay que tener en cuenta el carácter de la persona a la que va dirigida y su historia, de manera que resulte gratificante para su inconsciente, es decir, que sean convincentes, y no absurdas y alejadas de su manera de sentir.

En caso de duda, el maestro debe pedir opinión a su discípulo. Ante todo, le preguntará de qué forma siente en su interior la afirmación propuesta, cómo la querría construir, qué contenidos querría que expresara. En la práctica, en la sesión individual se formulará de forma conjunta, mientras que en la de grupo la propondrá el maestro, quien tendrá presente los deseos inconscientes más extendidos.

Es cierto que, desde el momento en que se pronuncia, la afirmación no es nunca completamente cierta, puesto que en caso contrario sería ineficaz. Tomemos el siguiente ejemplo: «El juicio de la gente me deja indiferente.» Es muy bella y fácil de repetir gracias a la rima; además, con una estratagema lingüística hemos conseguido sortear el «no» (indiferente: no me turba, no me causa ansiedad, no me pone nervioso, no me deprime). Es muy útil para las personas tímidas, inseguras y miedosas.

Bien mirado, esta afirmación no es convincente para la razón, ya que es exactamente lo contrario de lo que está pensando la persona tímida, pero sí lo es para el inconsciente, puesto que está de acuerdo con lo que esta persona desea profundamente. Es por ello que se nos ha ocurrido. Comportarse con desenvoltura entre la gente, sin temer ni su juicio ni su crítica, es un sueño para nuestro cliente. Quién sabe lo que pagaría para que este sueño se hiciera realidad.

La afirmación debe afectar a un deseo profundo del individuo, no a una veleidad ni a un capricho. El deseo del que hablamos es como una semilla que todavía no se ha convertido en una planta, pero que potencialmente ya la contiene. De este modo, la afirmación todavía no es una convicción operativa, sino que la contiene de forma virtual.

Por lo tanto, la frase debe contener un deseo que satisfaga al inconsciente («cómo me gustaría que...»), aunque vaya en contra de la razón («¡pero no es así!»).

Esto es lo que suele ocurrir. Es posible que hayamos asistido en alguna ocasión a escenas como la siguiente: una chica, muy guapa pero frígida sexualmente, se halla en medio de un grupo de amigos y anuncia que se siente un poco cansada. Un bromista añade: «Estás cansada porque haces demasiado el amor, descansa un poco.» A la chica se le iluminan los ojos de felicidad (inconsciente), mientras que sus labios dibujan una mueca de desacuerdo (racionalidad). Aquel chico ha puesto el dedo en una llaga inconsciente, ya que, al ser frígida, a la chica no le resulta verosímil que se le atribuya tanta fogosidad. La mueca es una actitud debida a las convenciones morales (racionalidad).

Ahora, veamos otro caso, de significado contrario, y que podemos observar en cualquier sala de baile a la que acudan parejas. Un señor le dice a su amigo: «¿Me permites que baile este tango con tu mujer?» Y el amigo, con la mirada torva (inconsciente) y los pómulos levantados en un intento infructuoso de sonrisa (racionalidad), responde: «¡Pues claro!» ¿Qué ha pasado? Pues que el marido se siente mortificado por un deseo inconsciente de poseer a su mujer toda para él.

Por lo tanto, en la construcción de las afirmaciones nunca debe irse contra un deseo inconsciente para contentar una petición racional que, a menudo, se formula sólo verbalmente.

Ecológicas. Las afirmaciones son ecológicas cuando son respetuosas con la realidad, es decir, no contienen violencia o invasiones del terreno ajeno.

Tomemos como ejemplo esta afirmación: «Mi mamá me mima.» Sin duda, es bonita, pero no es ecológica, porque contiene una invasión de terreno. Esta afirmación no habla de mí, de mis sentimientos, de lo que yo siento o quiero sentir por los demás (en este caso, por mi madre), sino que habla de lo que los demás sienten o deberían sentir por mí. Sin embargo, se trata de una invasión de terreno, porque lo que los demás sienten o deberían sentir es problema suyo.

Debemos tener presente que no son las palabras las que hacen ecológica una afirmación, sino los sentimientos a los que aluden.

Por este motivo, la misma afirmación «Mi mamá me mima» puede convertirse en ecológica si la vivo como mi propia certidumbre, puesto que en este caso estoy hablando de mí, de mis convicciones. Esto equivale a: «Estoy convencido de que mi mamá me mima», o bien, «Siento que mi mamá me mima», que son frases claramente ecológicas, puesto que estoy hablando de mis certidumbres y de mis sensaciones. La realidad se ve respetada en todo momento. Manipular y mistificar la realidad para favorecer a las personas es algo que demuestra un buen corazón, pero poca inteligencia, puesto que la naturaleza se rebela y, para volver a poner las cosas a su sitio, no tiene otro camino que el sufrimiento.

Pondremos ahora algunos ejemplos de afirmaciones no ecológicas, puesto que ofenden a la realidad, y mostraremos cómo se podrían convertir en ecológicas.

No ecológicas.

1. «Mi cuerpo no morirá nunca» (si creo que esta afirmación es una absoluta tontería).
2. «Todos me quieren y me aprecian» (si estoy convencido de que todos me evitan por mi pésimo carácter).
3. «Mi madre (mi padre, mi hermano, etcétera) aprueba siempre todo lo que hago» (si me desaprueban constantemente).
4. «Mi cuerpo es bonito y armonioso» (si tengo una silueta poco agraciada o algún defecto físico).

Ecológicas.

1. «Vivir en el presente me hace feliz.»
2. «Me quiero a mí mismo, incluso con defectos.»
3. «Lo que hago está bien, con o sin aprobación.»
4. «Amo mi cuerpo, porque es mío.»

Cómo se usan las afirmaciones

Una vez que la afirmación ha sido construida y controlada, y hemos comprobado que es clara, positiva, convincente y ecológica, se presenta otro problema: ¿cuál es el modo, o los modos, que nos permiten asumirla? Al formular una afirmación, podemos pedirle ayuda al maestro, pero también trabajar por nuestra cuenta, respetando en todo caso las cuatro reglas ya descritas anteriormente. El modo de usarlas, por el contrario, es más personal, por lo que podemos elegirlo nosotros mismos, sin necesidad de que nadie nos ayude. Prestando atención a nuestras inclinaciones, elegiremos uno o más modos, y los pondremos a prueba. Uno de ellos nos resultará con toda seguridad más apropiado: este será también el más eficaz.

A continuación damos una lista, pero cada uno de nosotros puede hallar por su cuenta otros que le proponga su imaginación.

Repetir. Podemos repetir unas diez veces una afirmación en voz baja o mentalmente, en tres momentos distintos del día: por la mañana, al mediodía y por la noche. O bien, cada vez que se presenta una determinada situación: ir a la mesa, al lavabo, a la cama, etc. Podemos también repetirla como si se tratara de un *mantra* o una jaculatoria, mientras caminamos por la calle o estamos esperando el autobús, o hacemos cola en alguna ventanilla, etc. La afirmación debe repetirse hasta que sintamos que ha pasado a formar parte de nosotros, que se ha integrado, que la convicción producida se ha vuelto operativa y que la aplicamos en nuestro comportamiento cotidiano. Esto es así, en caso de problemas leves, al cabo de unos 20-40 días, lo que es válido también en las modalidades siguientes.

Escribir. Este es el camino más efectivo: escribir una afirmación equivale a repetirla cinco veces.

Por ello, dejaremos un bloc de hojas y un bolígrafo sobre la mesilla de noche, junto al teléfono, en el lavabo o en cualquier otro sitio en el que podamos realizar el ejercicio una o más veces a lo largo del día.

Es aconsejable escribir la afirmación al menos tres veces consecutivas en tres momentos distintos de la jornada.

Cantar. Es una forma divertida y reporta ventajas que superan el contenido específico de la afirmación, puesto que moviliza nuestra seguridad, nos impulsa a vencer el sentido del ridículo, estimula nuestra creatividad y produce vibraciones saludables en todo nuestro cuerpo.

Nadie desafina lo bastante como para no poder realizar este ejercicio: es facilísimo. No estamos en la ópera ni nadie va a aplaudirnos. Estamos solos, o en compañía de personas de confianza. Podemos cantar la afirmación sobre la melodía de una canción que nos guste, o con melodías inventadas. Si lo hacemos lentamente, como en el canto gregoriano, nos sorprenderá nuestra perfecta entonación. Se aconseja realizar este ejercicio tres veces al día, en series de cinco.

Silabear. Es muy agradable. También es útil cuando se practica la biorrítmica, de la que hablaremos más adelante.

Este ejercicio no puede ser practicado mentalmente, puesto que las sílabas deben pronunciarse en voz alta. Mejor aún si se pronuncian siguiendo el ritmo de nuestro pasos al andar.

Si estamos sentados, podemos mover las manos también , como si tocáramos el tambor, de acuerdo con la emisión vocal de las sílabas.

Sería bueno poder realizar el ejercicio en el tiempo y el lugar adecuados al contenido de la afirmación. Me explico mejor con un ejemplo: una chica tiene un problema de línea, porque piensa que le sobra algún kilo, y ha elegido una afirmación adelgazante. El lugar más adecuado será sin duda el comedor y el tiempo, unos minutos antes del desayuno, de la comida y de la cena. Realizará el ejercicio sentada o realizará la emisión de las sílabas golpeando las manos sobre la mesa de manera alternativa; mejor aún sería tamborilear los cubiertos sobre el plato. El ejercicio se repetirá en series de tres, y se estructura así: «mas-ti-co len-ta-ment-te y me siento sa-cia-da; mas-ti-co len-ta-ment-te y me sien-to sa-cia-da; mas-ti-co len-ta-men-te y me sien-to sa-cia-da».

Nombre

Es una vibración potente. Evoca toda nuestra infancia y toda nuestra personalidad. Honramos a los grandes personajes dando su nombre a nuestras calles.

Nos molesta que alguien deforme nuestro nombre o lo pronuncie mal; es como si hiriera una parte de nosotros.

El nombre es como una energía, una señal sagrada que nos identifica. Se utiliza en las informaciones para hacerlas más fuertes. Pongamos un ejemplo. Una persona que se siente insegura y dubitativa puede elegir la siguiente afirmación: «Estoy seguro de mí mismo». Ahora veremos cómo se puede variar esta afirmación:

1. Con el uso de la primera persona, «yo», que la hace más penetrante: «yo estoy seguro de mí mismo».
2. Con el uso de la segunda persona, «tú», que la hace más imperativa: «tú estás seguro de ti mismo».
3. Con el uso del propio nombre, en tercera persona, que la hace más potente: «Gianni está seguro de sí mismo».
4. Con el uso de la primera persona, «yo», asociada al propio nombre, que la hace penetrante y potente a la vez: «yo, Gianni, estoy seguro de mí mismo».

5. Con el uso de la segunda persona, «tú», asociada al propio nombre, que la hace imperativa y potente: «tú, Gianni, estás seguro de ti mismo», imaginando que nos lo está diciendo una persona competente.

Trataremos de distinguir cuál de estas afirmaciones hace vibrar nuestras emociones de forma más intensa. La elegiremos para nuestros ejercicios, que realizaremos en las modalidades descritas.

Imagen

Esta modalidad afecta muy profundamente a nuestro inconsciente. Consiste en elegir una afirmación y representarla con una visualización. El método es muy sencillo, pero exige un gran esfuerzo. Ante todo, nos relajaremos completamente para que la imagen sea eficaz. Para quien no conozca ningún método de relajación, puede realizar el juego respiratorio; o bien, para quien aspire a lo mejor, es muy útil el rebirthing para autodidactos, con pocos minutos de respiración, sin pausa y sin reincorporarse. Una vez hecho esto, ya estamos listos: nuestra mente es libre, estamos tumbados y nuestro cuerpo está tranquilo. Por razones de claridad, nos serviremos de un ejemplo: una chica muy nerviosa, inquieta e impulsiva, estalla por cualquier nimiedad, respondiendo de mala manera a sus padres. Toma consciencia de este comportamiento anómalo y decide cambiarlo. Elige como afirmación: «Estoy tranquila y segura.» Tras haberse relajado y liberado su mente de cualquier otro pensamiento, se imagina a sí misma en una situación ideal, con sus padres reales, en el comedor, en la cocina, en la sala de estar o en los lugares en los que normalmente escenifica sus arrebatos.

Empezará a visualizar, por este orden:

— cada detalle de la habitación: paredes, suelo, etcétera;
— a su madre, a su padre, a sus hermanos, con sus caras normales, que pueden estar estresados, inquietos, tristes, deprimidos, agresivos o provocadores;
— a sí misma, en un estado ideal; no como es en realidad, sino precisamente como reza la afirmación: «Estoy tranquila y segura»;
— a sí misma, idealmente y actuando.

Imaginando que penetramos en su ánimo, podemos describir lo que hace, lo que dice y lo que siente del siguiente modo: *a mi alrededor veo caras enfadadas, mi padre muestra una actitud amenazante, mi hermano parece como si me acusara, pero yo estoy tranquila y segura. Lo veo con mis propios ojos, que tienen un brillo afable hacia todos, mi cara está relajada y tengo una actitud desenvuelta. Hablo con todos, les hago preguntas amables, respondo con educación, porque estoy tranquila y segura.*

Mi madre refunfuña a continuación; yo la miro con simpatía y afecto. Ella me provoca, pero yo estoy tranquila y segura, la miro con amor y comprensión, le dirijo palabras amables. Todo mi comportamiento es sereno, dulce, afectuoso, porque estoy tranquila y segura. Me contemplo durante unos minutos: me gusta verme tranquila y segura.

Acabado el ejercicio, antes de reincorporarnos debemos realizar unas flexiones enérgicas con los brazos.

Este es un esquema de afirmación realizada con una imagen que cada cual se encargará de personalizar. Podemos hacer el ejercicio por nuestra cuenta, sin la guía de un maestro, e incluso al margen del rebirthing. Puede practicarse una vez al día, preferiblemente por la noche antes de dormirse (en este caso, obviamente, no hay que reincorporarse). De hecho, por la noche las imágenes se asimilan más deprisa por el trabajo nocturno al que se ven sometidas.

Diálogo

Consiste en una afirmación que se repite continuamente como consecuencia de cada comentario que se nos pasa por la cabeza.

Puede durar desde pocos minutos a media hora, y debe hacerse siempre por escrito. Es una técnica de evolución autógena: la presencia de un maestro no es imprescindible. Esta práctica tiene un gran valor abreactivo para nuestro inconsciente.

Estamos sentados en la mesa, con papel y lápiz. Hacemos unas respiraciones lentas, largas y profundas, y empezamos. Supongamos que somos personas dubitativas e inseguras, y que ya hemos decidido nuestra afirmación.

El diálogo resultante podría ser como sigue:

—*Estoy seguro de mí mismo.*
—*No es cierto.*
—*Estoy seguro de mí mismo.*
—*No siempre es cierto.*
—*Estoy seguro de mí mismo.*
—*Ante aquella chica que ayer me saludó.*
—*Estoy seguro de mí mismo.*
—*Pocas veces me ha ocurrido.*
—*Estoy seguro de mí mismo.*
—*Me encantaría acompañarla a casa.*
—*Estoy seguro de mí mismo.*
—*Sólo cuando ha rechazado el ofrecimiento de Pablo.*
—*Estoy seguro de mí mismo.*
—*Aún tengo alguna oportunidad.*
—*Estoy seguro de mí mismo.*
—*Tengo una sensación extraña en el estómago.*
—*Estoy seguro de mí mismo.*
—*Bueno, basta ya.*
—*Estoy seguro de mí mismo.*
—*Está bien, lo he entendido.*
—*Estoy seguro de mí mismo.*
—*Lo he entendido, ¿y ahora qué?*
—*Estoy seguro de mí mismo.*
—*De acuerdo.*

Este diálogo todavía podría continuar. La decisión de suspenderlo no debe ser tomada por la mente que mira el reloj y ve que ya han pasado diez minutos, sino por el inconsciente, es decir, por nuestras emociones. Hasta cierto punto, son ellas las que nos avisan de que se han agotado: ya no tenemos nada más que decir.

Este ejercicio puede realizarse una vez por la semana.

Ejemplos prácticos

A continuación proponemos una lista de afirmaciones que podrán sernos de utilidad en determinadas situaciones.

Estos ejemplos no son exhaustivos, por lo que no prevén todas las situaciones que pueden presentarse en la vida, pero sí que constituyen una óptima base de reflexión para elaborar otras afirmaciones que sean más adecuadas para nuestro caso, a nuestras circunstancias y a los problemas que nos encontramos en los distintos momentos de nuestra vida.

ANSIEDAD

1. Estoy tranquilo, sereno y calmado.
2. Estoy tranquilo y muy seguro de mí mismo.
3. La espera es bella y está llena de emociones.
4. Escucho mi corazón y decido con amor.

DEPRESIÓN

1. Cuanto más respiro, más libre me siento.
2. Cuanto más respiro, más feliz me siento.
3. Estoy contento de empezar un nuevo día (hay que decirlo por la mañana, en cuanto nos despertemos).
4. Mi futuro es dichoso y sereno.
5. Amo la vida y todas las cosas bellas.

DIFICULTADES SEXUALES

1. Escucho todas mis sensaciones.
2. Amo y gozo de mi cuerpo.
3. La sexualidad es bella y creativa.
4. El cuerpo es suave: es bonito tocarlo.
5. Mi pelvis está caliente y palpita.

INHIBICIÓN

1. Soy libre y creativo.
2. Emociones y sensaciones: ¡qué placer!
3. Atreverse siempre, sufrir nunca.
4. Amo mi cuerpo porque es mío.

INSOMNIO

1. Me adormezco plácido y contento.
2. Duermo hasta la mañana siguiente tranquilo como un niño.
3. La noche es plácida, el sueño es largo.

MIEDO A LA CRÍTICA

1. El juicio de la gente me deja indiferente.
2. En público, mis palabras fluyen de forma segura.
3. Si domino el tema, las palabras fluyen solas.
4. Entre la gente hablo seguro y tranquilo.

PEREZA

La energía y el entusiasmo acompañan mi trabajo (estudio, juego, sexualidad, etcétera).

PROBLEMAS DE LÍNEA

1. Tengo el peso más adecuado para mi constitución.
2. Mastico lentamente y me siento saciado.

RENCOR

1. Perdono a mi madre (padre, hermano, marido, etc.) por haberme tratado de manera brusca.
2. Comprendo a mi madre (padre, hermano, marido, etc.) cuando se equivoca.

3. Siento todo el amor que mi madre (padre, hermano, marido, etc.), a su manera, siempre ha sentido por mí.
4. Amo a mi madre (padre, hermano, marido, etc.) y apruebo sus decisiones.
5. Me amo a mí mismo porque soy único e irrepetible.

RUIDOS

1. Los ruidos me son indiferentes.
2. Los ruidos son músicas esotéricas.
3. Los ruidos me acunan y me apaciguan.
4. Los ruidos hacen más profunda mi relajación.

SENTIMIENTO DE CULPA

1. Escucho y comprendo a mi madre (padre, hermano, marido, etc.), pero hago lo que quiero.
2. Me perdono por haberme mostrado brusco con mi madre (padre, hermano, marido, etc.).

Vivation

El rebirthing integrado contenía ya en germen el *vivation.* Este método, de hecho, derivaba del desarrollo del quinto elemento del rebirthing: el presente, que se asocia a un esquema operativo, típicamente americano, de preguntas y respuestas.

Se trata de integrar todos los problemas que asaltan el corazón humano, ya no reduciéndolos a afirmaciones que actúen por opuestos, sino utilizando un diálogo informativo. El problema se diluye en numerosas preguntas graduales, de forma que pueda vencerse la resistencia inconsciente; estas preguntas se inscriben en un esquema operativo del que hablaremos en breve.

Si el problema es de inseguridad, las preguntas generalmente se proponen según la siguiente serie:

1. ¿Qué experimento cuando me siento inseguro?
2. ¿Siempre me he sentido inseguro?
3. ¿Puedo recordar las pocas veces en las que me he sentido seguro?
4. ¿Qué experimenté entonces?
5. ¿Qué cambiaría en mi vida si siempre me sintiera seguro?
6. ¿Podría hacer algo para superar mi inseguridad?
7. ¿Qué podría hacer si quisiera empezar de inmediato?
8. ¿Soy capaz de empezar de inmediato?
9. ¿Qué quiero hacer de inmediato?
10. ¿Qué hago si me encuentro frente a un obstáculo?

Como puede verse, se trata de un «bombardeo masivo» que no nos deja la oportunidad de eludir el problema en cuestión. Entramos así de lleno en un psicoanálisis evolutivo que nos empuja hacia la toma de consciencia, hacia la acción y el cambio.

Debemos observar que no todas las preguntas están graduadas en una serie estricta: algunas se presentan por separado, otras por parejas, unas coordinadas, otras yuxtapuestas, en función de la sensibilidad del maestro y de las necesidades del cliente.

El fundador de este método es Jim Leonard, quien, al hablar de sí mismo, nos dice: «Nací en California, en cuya universidad cursé mis estudios. Me dediqué al estudio de las religiones y de las ciencias informáticas, aunque no me he dedicado a ello profesionalmente. En 1979, empecé a desarrollar el vivation. En la creación de este método me han influido el rebirthing y el yoga Kundalini, aunque una experiencia vivida en el campo, en 1972, me permitió intuir el concepto de integración emotiva que preside la filosofía del vivation».[3] Esta experiencia campestre a la que se refiere es una de aquellas iluminaciones o tomas de consciencia, que una o más veces en la vida asaltan a muchas personas, provocando una transformación de su forma de sentir y de pensar. No se pueden describir estos acontecimientos, ya que afectan a la parte prelógica, preverbal de nuestra consciencia.

El propio Jim Leonard, al recordar esta experiencia, dice: «Tuve la intuición directa de la naturaleza de la existencia». Y más adelante confiesa: «No fui capaz de reducirla a unos términos que mi mente pudiera comprender».[4]

El vivation se presenta precisamente en esta perspectiva: superar las barreras de lo verbal, de lo lógico, de lo mental, para captar intuitivamente lo originario, la existencia, el presente, la parte de divinidad que hay dentro de nosotros.

Presencia

El gran descubrimiento del vivation es la presencia. Ver toda la vida humana a través de los ojos fijos en el presente: en la sensación de calor que estoy sintiendo o en este momento, en el borboteo que experimento en el estómago, en el canto de un pájaro que llega hasta mis oídos, en el ruido de un coche que pasa por la calle, en el amor que siento hacia los hombres, en los proyectos que estoy llevando a la práctica.

Todo lo que ha elaborado el vivation sirve para encaminarnos y sumergirnos en el presente.

El hombre se siente angustiado y afligido, porque su vida se desenvuelve entre los residuos del pasado y las quimeras del futuro. La salud mental, el mayor o menor equilibrio de una persona se deriva, sin embargo, de su forma de vivir el presente. En él se cobija el nirvana, el paraíso y toda condición de beatitud.

El presente, como el paraíso que describen muchas religiones, no es un tiempo, ni siquiera un lugar: es un estado de ánimo, un nivel de consciencia y un modelo de vida. Es el punto de llegada, el fin de toda existencia, es más, se trata de la naturaleza misma de la existencia. Y sólo en él encuentra el hombre su propia inmortalidad y su propia eternidad.

Todo lo que realiza y atesora el hombre trabajando en el tiempo deberá, un día, legarlo a sus herederos. Pero todo lo que realiza y atesora viviendo en el presente, se lo llevará consigo.

Axiomas

De la elaboración del concepto de presente se derivan los siguientes axiomas:

1. Todas las afirmaciones pueden ser verdaderas y falsas por un igual. El criterio de verdad o falsedad depende del punto de vista de quien lo enuncia, es decir, de la convicción que la persona ha ido madurando a lo largo de su vida.

   En función de este axioma, el cristianismo, el islamismo, el judaísmo, el ateísmo, el materialismo, etc., pue-

3. J. Leonard, *Your fondest dream* (de la documentación correspondiente a un curso de vivation impartido por Leonard en 1993, en Turín).

4. J. Leonard- P. Laut, *Rebirthing*, Roma, 1988, pág. 242.

den ser igualmente verdaderos o igualmente falsos.
2. Las afirmaciones absolutas, válidas para todos los hombres, son un desatino, puesto que atentan contra la naturaleza de las cosas.

   Ejemplos de ideas erróneas:
   — yo sé cómo deberían ser las cosas;
   — yo sé cómo podrían ser las cosas;
   — yo sé que, en el pasado, las cosas eran mejores;
   — yo sé que, en el futuro, las cosas serán mejores.
3. Las cosas pueden y deben ser como son. En la práctica, las cosas no pueden ser distintas de como son. Todas las cosas son como deben ser. Si una sola fuera distinta, yo no estaría donde estoy.

   Bonum, verum, factum, convertuntur, decía Gimbattista Vico. Es decir: lo bueno, lo verdadero y lo factual son equivalentes.
4. Lo negativo es un veneno. Nadie se ha sentido jamás bien cultivando pensamientos, sentimientos o sensaciones negativas. El odio, el rencor, la rivalidad y la venganza siempre han envenenado el ánimo de su portador.
5. Al cambiar el contexto, es posible transformar lo negativo en positivo. Reestructurando nuestra forma de pensar, haciéndola ecológica, lo negativo se convertirá en positivo. Hay que encontrar la posición adecuada, desde la cual podamos apreciar aquello que una educación equivocada nos presenta como negativo.

De estos cinco axiomas se deriva una serie de ejercicios prácticamente infinita que tratan de permitir la integración práctica, es decir, emotiva, del mensaje contenido en los axiomas: para poder practicar una cosa no basta con que nuestra mente sepa que es real, verdadera y buena. Cuántos saben que el tabaco es perjudicial, y a pesar de ello siguen fumando. Es importante transformar la convicción mental en convicción emotiva, neuromuscular, corporal y comportamental. Lo que equivale a integrar la nueva convicción en el equilibrio que ya hemos adquirido.

De esta necesidad de integración se deriva la oportunidad de los ejercicios.

Sesión individual

También en el vivation hay maestros y discípulos. La sesión se desarrolla en cuatro fases: conversación, ejercicio, respiración circular y puesta en común.

Conversación

Por lo general, sirve para enfocar el problema y para precisar el objetivo que queremos alcanzar. Con este fin, el maestro debe tener en cuenta que raramente aquello de lo que se lamentó el discípulo es la verdadera causa de su problema. A menudo, esta se encuentra en un lugar distinto de aquel en el que la buscamos. Cada maestro recurre a su propia sensibilidad y experiencia para localizar la causa primordial. Mediante un ejemplo, ilustraremos un buen esquema a imitar.

Supongamos que nuestro discípulo se lamenta de sentirse inseguro, dubitativo y temeroso. La conversación deberá tender a poner de manifiesto el origen de este comportamiento. Podría resultar que la causa de todo ello reside en el hecho de que el discípulo nunca sabe lo que quiere. Dando otro paso adelante en la estimulación de la reflexión del discípulo, se podría descubrir que el motivo de este problema consiste en que no sabe cuál es el objetivo de su vida.

Llegados a este punto, si recapitulamos la conversación y se dispone en función de un esquema de causa y efecto, el problema se presenta del siguiente modo:

— no sé cuál es el objeto de mi vida;
— por lo tanto, no sé lo que quiero;
— por lo tanto, me siento inseguro, dubitativo y temeroso.

Por lo general, se aconseja trabajar sobre el primer punto, que es el que consideramos la causa primordial.

Hay que tener en cuenta que se trata de una técnica operativa que responde a una exigencia práctica, no teórica, ya que esta causa puede plantearse a su vez como el efecto de otra anterior (por ejemplo, de una educación equivocada) y, así, hasta el infinito.

Por lo general, nos detendremos en el problema que el discípulo, gracias a su capacidad de autocrítica y al nivel evolutivo que ha alcanzado, puede considerar como la causa primordial.

Se obtienen buenos resultados incluso si partimos de un punto cualquiera de la cadena causal, puesto que el inconsciente, en su tendencia innata hacia la autorregulación, se dirige de manera espontánea hacia la elaboración de la causa primordial. Cuando la causa es conocida conscientemente y se integra emotivamente, no sólo habremos resuelto un problema, el que ha motivado la sesión con el discípulo, sino muchos otros relacionados con él.

Ejercicio

Una vez localizada la causa del problema sobre el que vamos a trabajar, el maestro invitará al discípulo a:

— sentarse frente a él;
— cerrar los ojos (fig. 6);
— respirar profundamente y sin interrupción durante un minuto;
— ponerse en contacto con su inconsciente, con su sabiduría interior, escuchando todas las sensaciones y emociones que se asoman a su mente;
— concentrarse en la pregunta que se le formula, la cual afecta a la causa primordial del problema que se ha puesto de manifiesto durante la conversación;
— responder hablando a gran velocidad, sin parar, durante dos minutos, fingiendo que no oye la señal de pausa. Deberá decir todo lo que se le pase por la cabeza, tanto si es sensato como si no lo es. Se aconseja hablar rápidamente para impedir que la mente reflexione y recurra a viejos esquemas mentales o a falsas seguridades racionales, lo cual dejaría las cosas como estaban e impediría cualquier progreso evolutivo. Sin embargo, esta regla es válida únicamente para las personas obsesivas, rígidas, conservadoras y racionales;
— respirar profundamente, sin interrupción, durante un minuto;
— abrir los ojos y mirar cara a cara al maestro.

Este esquema básico puede experimentar modificaciones, debidas por lo general al contenido del problema y al nivel evolutivo alcanzado por el individuo.

El objeto del ejercicio, así como de la respiración circular, es el de acostumbrarse a permanecer en contacto con nuestras emociones, que son la parte más importante de nosotros mismos.

Cuando hay alguna cosa que nos provoca malestar, reaccionamos tratando de alejarla, de desviar nuestra consciencia y nuestra atención de ella; de este modo, el malestar aumenta.

Si huimos ante la visión de un escarabajo, se puede convertir, en la esfera emotiva, en un elefante. Si, por el contrario, lo observamos, concentramos en él nuestra atención y nos dejamos impregnar por su presencia, el malestar irá remitiendo poco a poco gracias a la integración.

El objeto del vivation es, precisamente, la integración, que se alcanza mediante la escucha de las sensaciones y de las emociones, por muy desagradables que sean.

Respiración circular

Tras el ejercicio, y con el fin de permitir una integración más profunda de todo lo

6

que se ha manifestado, se procede a la respiración circular.

El discípulo se tumbará y se observarán las mismas reglas del rebirthing normal. Por lo general, durante la sesión de vivation, el maestro (o su asistente, durante la sesión en grupo), debe evitar ejercer cualquier influencia exterior sobre las abreacciones que se produzcan. Es decir, debe seguir la regla freudiana de la abstinencia, aún vigente en el psicoanálisis clásico. De este modo, evitará secundar o favorecer las reacciones del discípulo con gratificaciones verbales o gestuales, como, por el contrario, es práctica habitual en el rebirthing originario, normal e integrado.

En el vivation, el objetivo primordial de la respiración circular es el de dejar aparecer las sensaciones y emociones para poderlas integrar, concentrándonos en ellas. Los otros efectos, aunque puedan parecer espectaculares, no son buscados, sino que, cuando se manifiestan, se acogen e integran como cualquier otro acontecimiento. La verdad del individuo está contenida en las sensaciones y las emociones. Estas tienen la tendencia a simplificar las cosas, mientras que la mente tiende a complicarlas. De todos modos, en contraste con la racionalidad, nunca se debe recurrir a términos como «luchar», «combatir» o «rechazar», puesto que son extraños a la filosofía pacifista y ecológica del vivation.

Si durante la respiración circular o la ejecución de las consignas, nuestra mente tiende a molestarnos con pensamientos extraños, preguntas fuera de lugar, fantasías o hipótesis, el vivation propone darle las gracias por esta capacidad inventiva, que en muchos casos ha sido muy útil, saludarla y despedirse de ella para volver a concentrarnos en las sensaciones y las emociones que nos invaden.

Por tanto, también la mente, como todos los demás elementos de nuestra personalidad, debe ser respetada, no combatida sino integrada, puesto que en nuestra estructura interna hay sitio también para ella: basta con encontrarlo.

De este modo, incluso los pensamientos más rebeldes aprenden a simplificarse, a adaptarse y a integrarse con nuestras emociones.

Puesta en común

Una vez terminada la respiración circular, se pasa a la puesta en común de las vivencias.

En las sesiones individuales, la puesta en común se desenvuelve de acuerdo con las mismas modalidades de las sesiones de rebirthing. En las de grupo, por el contrario, es un poco distinta. No se invita a los participantes a expresar sus vivencias mediante la fórmula «Si alguien quiere compartir sus experiencias, lo puede hacer libremente», ya que este tipo de invitación no asegura que todos puedan expresarse. De hecho, este modo de proceder se utiliza durante las sesiones de rebirthing en las que los participantes son numerosos.

En el vivation, por el contrario, el problema se resuelve con la utilización del cronómetro.

Los participantes están sentados, dispuestos en círculo, y toman la palabra uno tras otro, según el orden en el que se han colocado. Empezando a hablar, el discípulo pone en marcha el cronómetro, que al cabo de dos minutos emite un sonido que señala el final. En ese momento, el discípulo concluye y pasa el cronómetro a su compañero, y así hasta que todo el mundo haya hablado.

El ambiente emotivo es siempre muy agradable, pero en este método se echa en falta el afecto y el impulso que puede animar a los participantes a abrazarse o a mimarse, como suele ocurrir en el rebirthing, y más aún en la biorrítmica.

Sesión en grupo

Por lo que respecta a la elección del lugar, al grupo y al vivation en el agua, son válidas las mismas normas y observaciones propuestas para el rebirthing.

Lo que cambia y constituye una novedad es la forma en la que se organizan los ejercicios, que pueden ser preparatorios de la respiración circular o bien tener un valor autónomo.

Podemos también realizarlos en casa, solos o con la ayuda de un amigo sensible, comprometido en un sentido evolutivo y deseoso de trabajar con nosotros.

Como veremos en breve, hay varias modalidades de ejecución: a dos, a tres, a cuatro e individuales.

Ejercicios en pareja

Cuando estos ejercicios se practican en grupo, este debe dividirse en parejas. Las personas que las componen se identifican como A y B.

El esquema operativo es similar al que ya hemos visto en la sesión individual:

— A se sienta frente a B;
— A cierra los ojos, mientras que B los mantiene abiertos;
— A y B respiran profundamente, sin interrupción, durante un minuto;
— A entra en contacto con su inconsciente y B observa;
— B formula la pregunta de la consigna;
— A responde hablando a toda velocidad, sin pararse, durante dos minutos; o lentamente, durante un tiempo más largo, según la consigna;
— A y B respiran profundamente, sin interrupción, durante un minuto.
— A abre los ojos y mira a B. Respiran suavemente, sin interrupción, durante un minuto.

A continuación, se invierten los papeles: B cierra los ojos, mientras que A los mantiene abiertos, y así todo el rato.

Al acabar, A y B disponen de cuatro minutos, dos para cada uno, para intercambiar sus impresiones.

Inmediatamente después, el grupo puede colocarse en círculo para pasar a la puesta en común.

Ejercicios en trío

Los participantes se dividen en grupos de tres (fig. 7), en los que cada integrante se identifica como A, B y C.

El procedimiento es el mismo: sólo se añade la figura de C, que está presente, no habla, observa y escribe todas sus impresiones, así como las palabras de A. Si no puede seguir a A, que habla muy deprisa, escribirá las fases más destacadas de su monólogo. Después, se cambian los papeles. La rotación se repite dos veces, de forma que A, B y C tengan la oportunidad de expresarse sobre la consigna.

Al acabar, C lee a A lo que este ha dicho y las observaciones que el propio C ha ido

anotando. A expone su toma de consciencia y formula un breve comentario.

Y así, alternativamente, hacen también A y B.

Inmediatamente después, el grupo puede colocarse en círculo para pasar a la puesta en común.

Ejercicios a cuatro

El grupo se divide en grupos de cuatro personas, que se identifican como A, B, C y D.

Estas se disponen formando un cuadrado, de forma que se puedan mirar a los ojos.

El procedimiento es el mismo que el del ejercicio a dos, sólo que, mientras habla A respondiendo a la pregunta de B, la otra pareja, C y D, observa y escucha. Y así lo hará también cuando el ejercicio se invierta: es decir, cuando B responda a la pregunta de A. A continuación, se producirá la rotación: A y B observarán y escucharán cómo C y D responden a las preguntas que se habrán hecho alternativamente.

Al acabar, y por este orden, A, B, C y D comentarán sus impresiones acerca del ejercicio.

Inmediatamente después, el grupo puede colocarse en círculo para pasar a la puesta en común.

Consignas

Las consignas son el alma del vivation. Estas se aproximan a nuestro problema de puntillas, nunca lo encaran de frente, como hacen las afirmaciones. De hecho, se estructuran bajo la forma de preguntas sugerentes, con unos tiempos de ejecución tranquilizadores, puesto que poseen un marcado carácter lúdico.

El discípulo no debe esforzarse en elaborar sus respuestas y no es necesario recurrir a la memoria ni a la inteligencia, puesto que nadie lo está examinando ni juzgando.

Lo único que debe expresar es lo que su estado de ánimo, su corazón y su sensibilidad le estén dictando en ese momento. Lo que se le está pidiendo es una pura y simple traducción del inconsciente freudiano: es decir, de todo aquello que fluye en nosotros al margen de la razón.

A menudo, cuando ponemos en práctica la consigna, sentimos como si nos faltase la consciencia del significado de lo que estamos diciendo o escribiendo: a veces nos parecen cosas absurdas, imposibles y extrañas a nuestro modo de pensar. También en estos casos, sin embargo, es muy útil continuar sin pararse, hasta completar las consignas. A continuación, releyéndolas o volviéndolas a oír a través de las palabras e impresiones de nuestro compañero, podemos dar un último paso evolutivo: podemos acceder a la toma de consciencia, a la autocrítica y a la transformación.

TIEMPO LIMITADO

Los ejercicios de vivation en grupo suelen prever casi siempre un tiempo limitado para la elaboración de la consigna, que nunca suele ser suficiente para poder responder exhaustivamente a las preguntas.

El apremio de los minutos que pasan incita al discípulo a apresurarse en sus respuestas, a expresar lo primero que le pasa por la cabeza, sin detenerse en las reflexiones que solemos activar cuando queremos medir nuestras palabras. De hecho, habitualmente nos preocupamos más de que mantengan cierta coherencia con lo que acabamos de decir, intentando armonizarlas con nuestros principios ideológicos y morales. Además, en el discurso o en las respuestas racionales nos preocupamos por ser convincentes, de no exponernos a la crítica ni a la reprobación, de suscitar la benevolencia de nuestro interlocutor, de procurar que nuestras palabras discurran siguiendo un cierto nexo lógico. A menudo, incluso, prevemos las objeciones y las rebatimos por anticipado. Al expresarnos de esta manera, hay que preguntarse qué es lo que queda de nuestros auténticos sentimientos: hasta qué punto esas palabras, tan lustrosas, maquilladas y peinadas, representan lo que se agita en nuestro interior.

Con la introducción del tiempo apremiante para elaborar una consigna, el vivation se propone desanimar a la mente de su intento de ordenar nuestro caos interior. El orden mental es artificial, convencional, violento y antinatural. Es importante superar esta barrera racional para alcanzar lo más genuino del inconsciente. En nuestro mundo, que la mente considera caótico, no hay lucha, ni guerra, sino sólo un libre fluir de instancias primarias que tienden a la autorregulación, a un orden ecológico, es decir, respetuoso con la naturaleza originaria y creativa del individuo.

Sin embargo, algunas consignas no prevén una duración limitada, sino que otorgan el tiempo necesario para una elaboración satisfactoria. Se trata, ante todo, de las individuales o para discípulos avanzados, en las que el peligro de contaminación mental prácticamente ha desaparecido o se ha reducido al mínimo.

EJEMPLOS DE CONSIGNAS EN GRUPO

Las consignas se eligen en función de cada caso:

— tras analizar el problema en la conversación previa;
— tras escuchar las exigencias del grupo;
— tras establecer por nuestra cuenta el objetivo que queremos alcanzar.

A continuación se relacionan algunos ejemplos extraídos, en su mayoría, de los seminarios impartidos por Jim Leonard y Phil Laut.

Las consignas siguientes pueden ejecutarse en grupos de dos (A-B), de tres (A-B-C) o de cuatro (A-B-C-D). Estas consignas están concebidas para grupos, pero pueden ser utilizadas individualmente: basta con cambiar la segunda persona, «tú», por la primera, «yo», en las preguntas y respuestas. En todos los casos, se han previsto dos minutos de tiempo para la elaboración. Cuando hay dos o más personas, se debe ir rotando.

A dirige a B las preguntas o peticiones siguientes, dejándole dos minutos para responder, mientras que C, o bien C y D, se limitan a estar presentes.

1. Dime todas las cosas que te gustan.
2. Dime todas las cosas que podrías hacer para hacer feliz a un desconocido.
3. Dime todo lo que podrías llegar a amar.
4. ¿Qué significa para ti amar a una persona?
5. ¿Qué miedos te asaltan cuando amas a una persona?
6. ¿Qué miedos te asaltan cuando una persona te ama?
7. ¿Por qué tienes dificultades en saber cuál es el objeto de tu vida?
8. ¿Por qué quieres conocer el objeto de tu vida?
9. ¿Cómo cambiaría tu vida si conocieses su objeto?
10. ¿Cuáles han sido los objetivos por los que has vivido hasta ahora?
11. ¿Por qué objetivos te gustaría vivir?
12. ¿Qué obstáculos encuentras para vivir según estos objetivos?
13. ¿Qué podrías hacer para superarlos?
14. ¿Por qué no logras obtener lo que quieres?
15. ¿Cómo cambiaría tu vida si obtuvieses lo que quieres?
16. ¿Qué podrías hacer para obtener lo que quieres, a partir de mañana?
17. ¿Cómo querrías desarrollar tu capacidad de... (una capacidad que se posee en pequeña medida y que se querría aumentar, como, por ejemplo, ser más valiente, tolerante, comprensivo, afectuoso, etcétera)?
18. ¿Cómo querrías aprender a ser... (una cualidad que no se posee: valiente, tolerante, comprensivo, afectuoso, etcétera)?
19. ¿Cuáles son los obstáculos que te impiden sentirte más tranquilo y relajado?

20. ¿Qué puedes hacer para superarlos?
21. ¿Qué puedes perdonarle a tu madre (padre, hermano, etcétera)?
22. ¿Por qué le estás agradecido a tu madre (padre, hermano, etcétera)?
23. ¿Qué diría de ti tu madre (padre, hermano, etcétera)?
24. ¿Qué aptitudes crees tener?
25. ¿Qué aspectos de tu carácter te gustaría modificar?
26. ¿Cómo discutían tus padres?
27. ¿Hasta qué punto las discusiones de tus padres han influido en tu comportamiento?
28. ¿Qué te provoca miedo (tristeza, rabia, vergüenza, agresividad, etcétera)?
29. ¿De qué forma cambiaría tu vida si no sintieras ese miedo (tristeza, rabia, vergüenza, agresividad, etcétera)?
30. Habla de un objetivo que querrías alcanzar.
31. Habla de los medios a los que podrías recurrir.
32. Habla de los obstáculos que podrías encontrar.
33. Explica algún momento en el que te hayas sentido incomprendido.
34. ¿Qué podrías hacer para superar el malestar de la incomprensión?
35. ¿Cómo te sientes cuando te felicitan?
36. ¿Cuáles son los problemas asociados con tu alimentación?
37. ¿Cómo cambiaría tu vida si tu alimentación fuera más correcta?
38. ¿Qué puedes hacer para mejorar tu alimentación a partir de mañana?
39. ¿Cuáles son los problemas asociados con el dinero?
40. ¿Cómo cambiaría tu vida si supieras administrar mejor tu dinero?
41. ¿Qué podrías hacer para administrar mejor tu dinero a partir de mañana?
42. ¿Qué problemas te ocasiona tu vida sedentaria (o, en su caso, demasiado agitada)?
43. ¿Cómo cambiaría tu vida si establecieras una relación más satisfactoria con el movimiento?
44. ¿Qué podrías hacer para mejorar la agilidad de tu cuerpo?

EJEMPLOS DE CONSIGNAS INDIVIDUALES

Estas consignas pueden ser especialmente comprometidas, por lo que se aconsejan practicarlas:

— en sesiones individuales;
— como deberes para hacer en casa, que pueden mostrarse al maestro o no;
— como deberes para discípulos avanzados que quieran ejercitarse por su cuenta.

También en el caso de estas consignas es oportuno seguir el esquema previsto para los ejercicios en pareja.

Dado que la mayoría de las preguntas exigen el uso de papel y lápiz, el discípulo abrirá bien los ojos al leer, o aguzará el oído al escuchar la consigna y la guardará una vez puesta por escrito.

Si estamos solos en lugar de la puesta en común, releeremos lo que hemos escrito y añadiremos reflexiones y comentarios. Al elaborar estas consignas, nos tomaremos todo el tiempo que necesitemos.

1. Mi madre (padre, hermano, etc.) me está hablando, llamándome por mi nombre. ¿Qué me está diciendo?

2. Estoy hablando con mi madre (padre, hermano, etc.) y empiezo así: «Mamá...»
3. Hago una lista de veinte cosas que me avergüenzan.
4. ¿Cómo cambiaría mi vida si no me avergonzaran? Escribo por lo menos diez líneas.
5. ¿Qué puedo hacer para disminuir mi sentimiento de vergüenza?
6. Hago una lista de cincuenta cosas que deseo.
7. Hago una lista de diez cosas de las que siento una absoluta necesidad.
8. Hago una lista de diez placeres prohibidos.
9. Si no estuvieran prohibidos, ¿qué haría?
10. Existen buenas razones para considerar válidas estas prohibiciones. Hago una lista de diez de ellas.
11. Existen buenas razones para considerar absurdas estas prohibiciones. Hago una lista de diez de ellas.
12. ¿En qué consiste para mí la vida sexual ideal? ¿Es decir, cuál sería mi paraíso sexual si no existieran miedos y vergüenzas? Escribo más de veinte líneas.
13. ¿Cómo ha influido la religión en mi sexualidad? Escribo más de veinte líneas.
14. ¿Qué factores han influido en mi sexualidad? Escribo más de veinte líneas.
15. Si no hubieran existido estas influencias negativas, ¿cómo habría podido organizar mejor mi vida sexual? Escribo más de veinte líneas.
16. ¿Qué podría hacer para mejorar mi sexualidad, a partir de mañana? Escribo más de veinte líneas.
17. Describo el concepto de Dios que tenía a los seis años. Escribo menos de diez líneas.
18. Ahora dibujo la casa en la que viví hasta los doce años. A continuación, mirando los distintos espacios (cocina, baño, dormitorio, salón, etc.), describiré los varios tipos de violencia (física, sexual, intelectual, espiritual, emotiva y cultural) que he sufrido y que he hecho sufrir a los demás en esos espacios.
19. Ahora describo un problema que me cuesta mucho resolver. Pienso en tres personajes, reales o imaginarios, que tengo en gran estima y que están relacionados de alguna manera con mi problema. Ahora escribo lo que ellos (uno detrás de otro) me aconsejan que haga.
20. Cierro los ojos durante dos minutos y veo cómo discurre ante mi mente la película de mi vida. Ahora, abro los ojos y describo las impresiones que ha dejado en mí el protagonista (yo mismo).
21. Cierro los ojos durante cinco minutos y contemplo la imagen ideal que tengo sobre un problema (me veo seguro, desinhibido, dinámico, afectuoso con mis padres, tranquilo, valiente, etcétera).

Rebirthing esotérico

Coreografía

Quien participa por primera vez en una sesión de rebirthing esotérico tiene la impresión de hallarse en un lugar sagrado y de asistir a un rito religioso.

El maestro invita al discípulo a sentarse en el suelo con las piernas cruzadas y la espina dorsal erguida; él mismo también se sienta de este modo. Lo mismo ocurre en la sesión en grupo, en la que los participantes se sientan en círculo (figura 8).

Una ramita de incienso quema lentamente en un pequeño altar, junto a imágenes sagradas orientales (Shiva, Babaji, Sai Baba, etc.), o bien cristianas (Jesús, la Virgen María, etc.), o incluso de otras religiones.

En esta atmósfera, los discípulos se preparan para el rebirthing con la recitación de los mantra y la meditación, de la que hablaremos más adelante.

La respiración circular se desarrolla de manera parecida a la del rebirthing originario. Si el rebirthing es en grupo,

8

la mitad de los participantes se tumbará sobre las colchonetas y los otros les asistirán. El maestro, por su parte, supervisa a todos ellos y les asiste tanto con su presencia como con sus palabras. Lo que diferencia el rebirthing esotérico es la gran libertad de acción de la que gozan los asistentes. Estos no observan un esquema previo, sino que atienden a su propia inspiración, a su voz interior, y se organizan en función de ellas. Por este motivo, quien respira puede tener junto a él un asistente que reza en silencio, que recita mantras, que susurra palabras sugerentes para ayudar a la evolución que se está produciendo, que mueve las manos ante sí, a la altura del pecho o de la frente para purificar el aire, que le coloca una mano sobre la frente del compañero, sobre el pecho o sobre cualquier otra parte del cuerpo, para favorecer el fluir de la energía, que le coge una mano y se la acaricia, que lo abraza, etc.

Esta multiplicidad de actitudes pone de relieve la gran libertad interior de la que gozan los participantes. Cuando todos han concluido la respiración, se procede a la puesta en común colectiva. La sesión termina con la invitación por parte del maestro a reflexionar sobre cuanto ha ocurrido, sobre todo aquello que se considera de gran importancia para el desarrollo evolutivo de la persona.

Mantras

Los mantras son series de sonidos que pueden formar una sílaba, una palabra o una frase. Poseen siempre un significado muy preciso que, con el paso del tiempo, la difusión que ha experimentado y la transformación del contexto lingüístico y cultural, puede haber dejado de ser perceptible. De todos modos, su efecto depende más de las vibraciones sonoras que producen que del significado literal que poseen. Por lo tanto, cualquiera puede recitar los mantras con gran provecho, aunque pertenezcan a un mundo cultural y religioso distinto del nuestro.

Los mantras son expresiones muy antiguas y están dotadas de un gran poder. Nacieron junto a las religiones: se parecen a las jaculatorias, a los salmos, a los cánticos e himnos. Su finalidad es la de producir y mantener en la mente y en el cuerpo la misma armonía que hay entre el cielo y la tierra. Se trata de palabras que, si se recitan de una forma no mecánica, sino con plena consciencia de su dimensión espiritual, pueden provocar profundas transformaciones: la persona triste puede convertirse en alegre, la tímida en valiente o la dubitativa en segura.

Para ayudarse en la recitación, suelen contarse los mantras mediante hilos anudados, collares, rosarios (cuerdecillas circulares anudadas con 108 cuentas). La cuenta sirve para mantener el estado de vigilancia y cumplir por completo la práctica espiritual de la que se trata, ya que la noción del tiempo puede verse perturbada durante la ejecución.

Los mantras son también un óptimo ejercicio para relajar la mente y el cuerpo; por ello, se utilizan como preparativos para las distintas formas de meditación.

Meditación

El objetivo del rebirthing es el de conducir a la armonía y la serenidad interior. El rebirthing esotérico considera que esta finalidad puede alcanzarse plena-

EJEMPLOS DE MANTRAS

BUDISTAS	
Om	Verdad
Gate, gate, paragate, paramsagate bodhi	Fui, fui, fui hacia la otra orilla, llegué a salvo a la otra orilla
Svaha	El Iluminado
Om Ah Hum	La Trinidad del poder: creación, conservación y destrucción
Om Tare Tutare Ture Swaha	Salve, Tara
Om Mani Padme Hum	Salve en la joya del loto

HINDUISTAS	
Hare Krishna	Salve, Krishna
Hare Rama	Salve, Rama
Om Namah Sivaya	Veneración a Siva
Shanti shanti	Paz, paz

ISLÁMICOS	
Allah, Allah	Dios, Dios
La ilaha illa Allah	No hay más que un único Dios
Insha Allah	Si es la voluntad de Dios
Ya-alaam	Dios fuente de paz
An-Nur	Dios, la luz

JUDÍOS	
Adonai	Señor
Shalom	Paz
Ehyeh asher ehyeh	Yo soy el que soy
Barukh ata Adonai	Bendito sea el Señor
Eli, Eli, Eli	Señor mío, Señor mío, Señor mío

CRISTIANOS	
Señor, ten piedad de nosotros	
Ave María, Madre de Dios, Aleluya	
Laudamus Te, adoramus Te	Te alabamos, te adoramos
Kyrie Eleison, Christe Eleison	Señor, ten piedad, Cristo, ten piedad
Kyrie Eleison	Señor, ten piedad

mente cuando el ejercicio respiratorio confluye con la meditación.

La mente estresada tiende a dispersar sus energías prestando atención a las mil informaciones que le llegan tanto del mundo exterior como del interior, sin lograr canalizarlas nunca. Para ayudar a la mente a orientar las diversas informaciones en la unidad del itinerario evolutivo, se establecieron distintas prácticas meditativas, que atesoran una tradición antiquísima.

Se empieza con la recitación de un mantra, repetido durante un número determinado de veces, puesto que provoca distensiones físicas y relajación mental. Una vez que el organismo se encuentra relajado, el pensamiento se vuelve más dócil y lo podemos conducir por los senderos de la meditación.

POSTURAS

Cualquier postura es buena para la meditación: se puede estar sentado, tumbado, de pie, caminando, etc. La mejor posición es la que sintamos más adecuada para nuestra persona.

En Oriente, es característica la posición del loto; sentado en el suelo, con las piernas cruzadas, con la espina dorsal erguida, las manos apoyadas sobre las ro-

9

dillas y los ojos generalmente cerrados (fig. 9). Este modo de meditar favorece la sensación de la unidad del cuerpo y la mente, de la tierra y el cielo.

En el mundo cristiano se prefiere arrodillarse sobre un pequeño mueble de madera llamado *reclinatorio*. Las rodillas se apoyan sobre una altura de unos 20 cm del suelo, la espina dorsal erguida, los antebrazos apoyados sobre la parte superior del reclinatorio. Las manos juntas frente al pecho, la cabeza inclinada hacia abajo o bien levantada, con los ojos concentrados en una imagen sagrada (fig. 10).

Este modo de meditar subraya la dependencia del hombre de la divinidad y su sumisión. En el mundo cristiano también es muy corriente sentarse en un banco de madera con el respaldo rígido: espina dorsal erguida, rodillas en ángulo recto, las manos recogidas junto al pecho o asiendo un libro de meditación, los ojos abiertos y cerrados alternativamente. Esta postura favorece la unión con la divinidad.

Todas las posturas descritas se han consolidado tras una larga tradición y poseen también un valor neurológico, puesto que mantienen alerta la atención e impiden la aparición del sueño, que en estas prácticas constituye una amenaza constante.

10

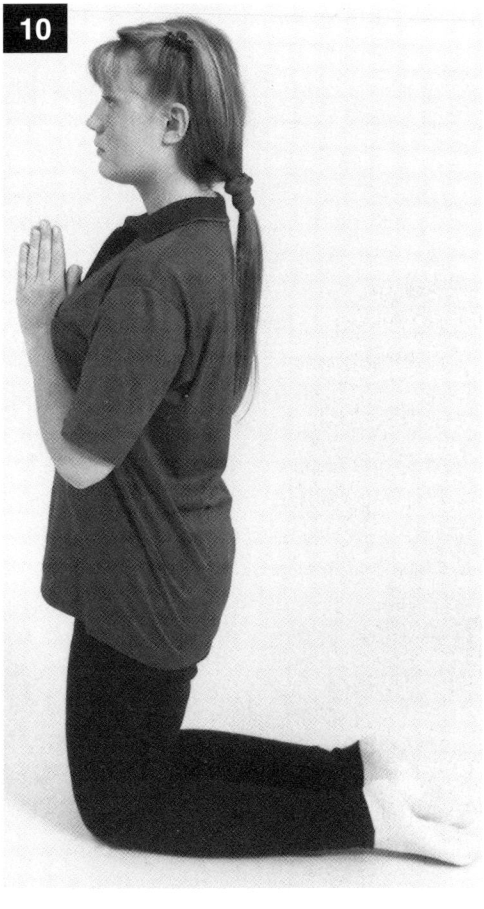

EL CORAZÓN DE LA MEDITACIÓN

La meditación es paz: no se opone a nada, sino que lo concilia todo. Los conflictos, ansiedades, preocupaciones, dogmatismos, condicionamientos y fanatismos, no son combatidos, sino asimilados, de la misma manera como el mar lo hace con los ríos, apaciguando sus aguas que vienen de las lejanas cimas montañosas y tempestuosas.

Los valores morales, sociales, religiosos y filosóficos, que varían en función de cada cultura y de cada persona, no resultan negados ni manipulados, sino simplemente resueltos o armonizados en la unidad de un orden universal.

Quien alcanza los niveles más elevados de la meditación, pierde los caracteres limitadores de su propia identidad, por lo que, si se puede decir así, nos hallaremos más allá de nuestra religión originaria, de nuestra propia visión del mundo, de nuestra forma de amar a las personas y de nuestros valores.

Este «más allá» es un lugar en el que ya no hay obstáculos ni barreras, en el que desaparece la línea que divide lo mío de lo tuyo, lo nuestro de lo suyo, lo espiritual de lo material. En otras palabras, se elimina la línea que separa la tierra del cielo y al hombre de la divinidad.

Para quienes practiquen desde hace tiempo la meditación, se trata de conceptos familiares y naturales, puesto que se funden con el propio fin de su existencia. Para quienes, por el contrario, nunca se han ejercitado en estas prácticas, este modo de pensar puede parecer extraño, anormal o incluso inaccesible. Esta impresión puede ser comprensible si se piensa que la meditación no habla a la mente, sino al corazón; no recurre a la lógica, sino a la intuición.

LAS CUATRO ETAPAS

Para facilitar la comprensión, podemos dividir la meditación en cuatro etapas progresivas.

1. **Objetos externos.** Nos ejercitaremos focalizando la atención sobre objetos exteriores que nos resulten familiares, como por ejemplo, una manzana. Cerramos los ojos, la imaginamos, la penetramos, la sentimos, percibimos todas sus partes: la pulpa, las semillas, la piel, y vivimos (no pensamos) las sensaciones que se producen en nuestro interior. Así haremos con otros objetos: sol, luna, estrellas, mar, cielo, montaña, colores, etc., hasta que nos resulte fácil «penetrarlos» y sentir cómo nuestro corazón late al mismo ritmo que los objetos.
2. **El cuerpo y sus funciones.** El pensamiento podrá concentrarse sobre una parte del cuerpo (una mano, un pie, el estómago, el hígado, etc.) o bien sobre una función corporal (la respiración, el latido del corazón, comer, caminar, hablar, dormir, etc.). Lo ejercitaremos hasta que logremos percibir que nuestro ser se encuentra en la mano, en la respiración, en el caminar, etc.
3. **Objetos internos.** Podemos fijar nuestro pensamiento sobre una imagen sagrada o recrear algún relato ejemplar, una parábola, o bien leer fragmentos de libros sagrados. Entramos así en el corazón de la meditación. Las dos etapas anteriores, de hecho, son preparatorias y no específicas: las hallamos también en los tratamientos psicológicos para agudizar la concentración y la sensibilidad receptiva.

   Llegados a este punto, deberemos dejarnos llevar por los pensamientos y las emociones suscitados. Todo lo que penetra en nuestra mente a través de la visión, la lectura y la reflexión no debe quedar en un mero pensamiento, sino que deberá transformarse en experiencia vital, en emoción y en sentimiento vivo. Se trata de una transformación que produce cambios evolutivos profundos.

   Dejarse llevar, hacer aparecer y reestructurar las emociones que sentimos, es todo lo que podemos hacer para llegar al cuarto punto, el último.
4. **Sensación de existir.** Se experimenta la dicha extática de la existencia. La mente no se fija en ningún objeto, ni exterior ni interior. Se encuentra inmersa y vive en un presente sin tiempo.

Desgraciadamente, no hay palabras adecuadas para describir este estadio, puesto que se encuentra totalmente más allá de nuestra forma habitual de pensar y hablar. Los místicos de todas las religiones se han sentido siempre reticentes a hablar de esta experiencia para no devaluar su contenido.

Por su elevación, este punto no se propone nunca como un objeto de meditación: en realidad, de ser así podría reducirse a un puro ejercicio mental o, peor aún, alimentar ilusiones y delirios. Se trata de una meta a la que se llega sin intención; como si se «resbalara» en él desde el ejercicio anterior, cuando este ha alcanzado un nivel muy avanzado.

Hallarse inmersos en la experiencia de existir constituye la emoción más sublime y más extática que puede llegar a experimentar un ser humano. En el completo silencio místico en el que se encuentra el alma, esta sólo puede decir una palabra: gracias.

Chakras

QUÉ SON

En el rebirthing esotérico, la respiración, los mantra y la meditación movilizan las energías, alivian y superan los bloqueos y atascos energéticos. Los chakras son los siete centros energéticos principales que regulan las funciones fundamentales del organismo (fig. 11).

Testimonios antiquísimos demuestran que la doctrina sobre los chakras era conocida en la India, en Nepal y en el Tíbet ya en el año 3000 a. de C.

En el esquema de la pág. 79 aparece la relación de los siete chakras, con la posición, la función, el color, el sonido y los órganos afectados. Cada uno debe mantener los siete chakras abiertos y activos. Unos más, otros menos, de hecho todos poseemos algún chakra poco fluido, con las lógicas repercusiones sobre las áreas afectadas por él. Por lo tanto, como mínimo es conveniente practicar los ejercicios destinados a desbloquear los chakras.

Hay diversas formas de trabajar sobre los chakras. Describimos a continuación las más importantes.

CUATRO FORMAS DE TRABAJAR SOBRE LOS CHAKRAS

Respiración. Se pone una mano sobre un chakra y nos imaginamos que inspiramos por esa zona y espiramos por la mano. De este modo, se establece un circuito energético entre el chakra, la mano y la respiración, que tienden a actuar sobre los bloqueos y a dejar fluir las energías.

Color. Se visualiza el color característico de un chakra y meditamos mientras ponemos una mano sobre él. Así, se estimula la energía, con provecho para todas las partes afectadas.

Sonido. Durante la fase de espiración, se emite un sonido, que es característico para cada chakra. Ponemos una mano sobre el área afectada, de forma que percibamos las vibraciones que produce el sonido en aquella zona.

Postura. El yoga prevé ejercicios para cada chakra, aunque el lector deberá remitirse a obras especializadas.

También la biorrítmica, inscribiéndose en la senda de una tradición secular, ha elaborado ejercicios específicos para liberar las «ruedas de energía» de los miedos, los traumas, las asociaciones negativas, las resistencias y los bloqueos que se han acumulado en la memoria corporal de. De todo ello trataremos en el próximo capítulo.

11

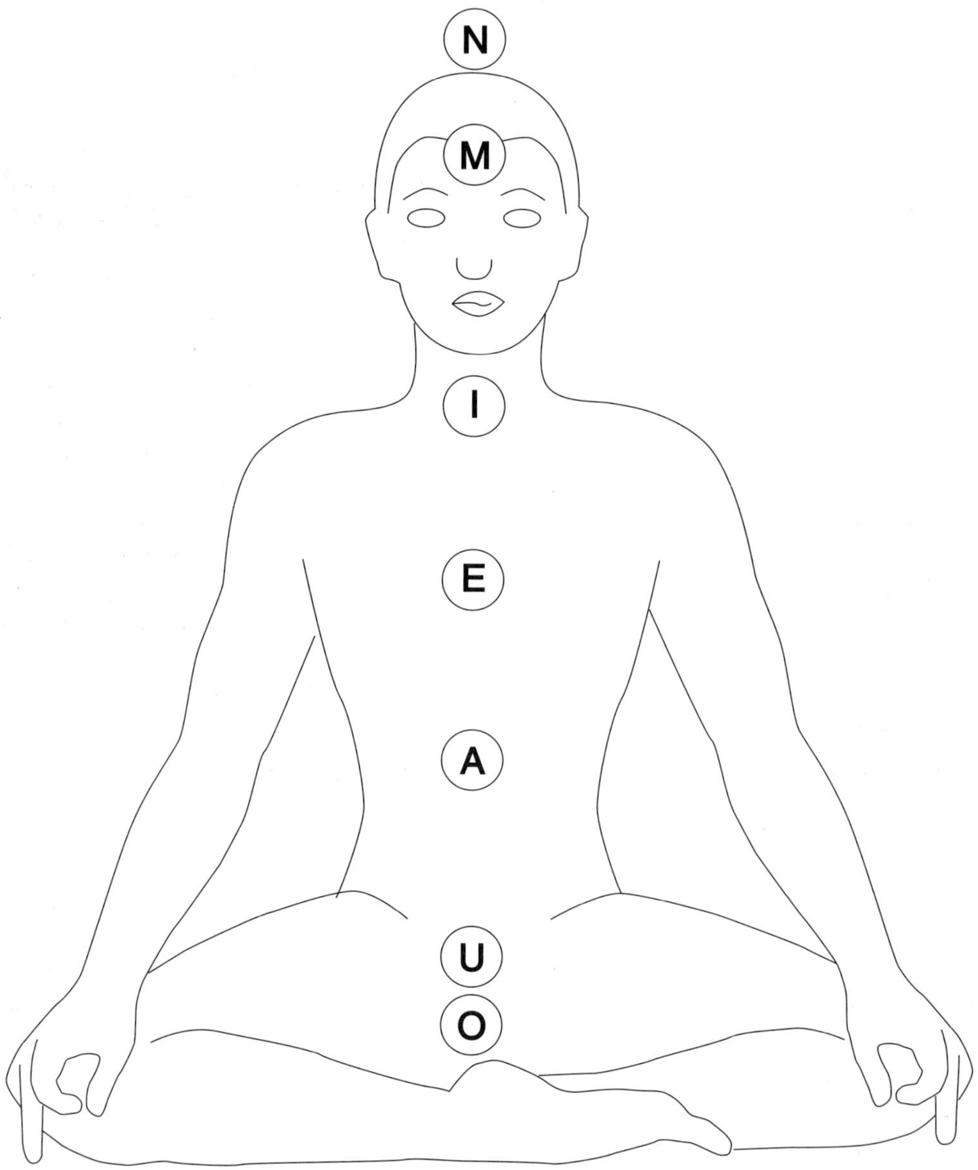

Chakra	*Posición*	*Función*	*Efecto Físico*	*Efecto Psíquico*	*Glándula endocrina*	*Color*	*Sonido*	*Nota*
1. Raíz	Perineo	Conservación de la persona Supervivencia	Espina dorsal zona pélvica piernas, rodillas, pies	Relajación Tranquilidad	Suprarrenales	Rojo	O	DO
2. Sacro	Entre la 5.ª vértebra lumbar y la 1.ª sacra Región púbica	Difusión de la especie Sexualidad Creatividad	Pelvis, intestinos, genitales	Entrega Disponibilidad	Gónadas	Naranja	U	RE
3. Ombligo	Entre la 1.ª vértebra lumbar y la 12.ª dorsal Plexo solar	Voluntad	Aparato digestivo	Seguridad Poder Valentía	Páncreas	Amarillo	A	MI
4. Corazón	Entre la 4.ª y la 5.ª vértebra torácica El corazón	Amor	Aparato cardio-circulatorio	Amor universal Comprensión	Timo	Verde	E	FA
5. Garganta	Entre la 1.ª vértebra torácica y la 7.ª cervical La garganta	Comunicación	Garganta, orejas, boca	Sintonía entre pensamiento y emoción	Tiroides	Azul	I	SOL
6. Frente	Entre la raíz de la nariz y la nuca El «tercer ojo»	Intuición	Ojos	Pensamiento intuitivo	Epífisis (Pineal)	Índigo	MHHH	LA
7. Corona	Caja craneana La coronilla	Unión	Cerebro y sistema nervioso	Claridad mental Iluminación	Hipófisis (Pituitaria)	Violeta	NHHH	SI

SEGUNDA PARTE
BIORRÍTMICA

Qué es la biorrítmica

Podemos definir la biorrítmica como un método que utiliza el ritmo para producir cambios en la postura física, en la actitud mental y en la orientación espiritual a través de la práctica de ejercicios sencillos y agradables, inspirados en los ritmos biológicos.

La persona, guiada por el descubrimiento de su propio cuerpo y emociones, puede sentir la felicidad de sentirse libre y creativa. La puesta en común de los ejercicios, que siempre preside la práctica, sirve para estimular la consciencia y acelerar el itinerario evolutivo. La respiración utilizada en el rebirthing y en el vivation se convierte, en la biorrítmica, en un puente de unión con todas las actividades rítmicas de las que está dotado nuestro cuerpo.

Durante los ejercicios, la respiración se vuelve circular, sin que esto sea sugerido por el director y sin que los participantes le presten atención, puesto que se trata de la respiración normal de la persona sana que se mueve de forma armónica.

La función respiratoria puede depender de nuestra consciencia, pero puede también ser completamente involuntaria e inconsciente. Como ha observado el famoso maestro budista Lama Sovinda: «Como consecuencia de su doble naturaleza, la respiración puede asumir el papel de mediadora entre el cuerpo y el espíritu, y convertirse así en el instrumento de nuestra participación consciente en las funciones vitales más importantes y universales de nuestro organismo psicosomático. La respiración es la unión entre lo consciente y lo inconsciente, entre material en bruto y material elaborado, entre funciones voluntarias e involuntarias y, por consiguiente, la expresión más completa de la peculiaridad de cualquier forma de vida».[5]

Arrastrado por una sola oleada rítmica, el cuerpo se ve inducido a armonizarse, mejorando su postura y, por «simpatía», también su estado emotivo y su modo de pensar.

Todo ello se ve favorecido por el espíritu lúdico y agradable que preside cada uno de los ejercicios. Esto ayuda también a desbloquear las resistencias, a aliviar los problemas, a provocar la sintonía en la parte más profunda del tejido celular.

5. A. Huth-Whuth, *Meditación*, pág. 36.

Cuál es la estructura de la biorrítmica

Podemos observar que la estructura de la biorrítmica afecta a la forma en la que se articula la naturaleza del hombre.

El organismo biopsíquico puede dividirse en cuerpo, emociones y mente. Los ejercicios prácticos siguientes, por tanto, se adecuan a estas tres partes: ejecución, escucha y expresión.

Al principio, prestaremos atención a los movimientos, para poder realizarlos de forma natural, es decir, sin prisa, ansiedad ni cualquier otra preocupación.

En cuanto percibamos que hemos asimilado el ejercicio perfectamente, desplazaremos la atención hacia las sensaciones y emociones que estamos sintiendo: es el momento de la escucha.

Al finalizar, podemos sentir la necesidad de «expulsar» lo que hemos sentido dentro, de compartirlo con los demás o, si estamos solos, de escribirlo en un papel: ha llegado el momento de la expresión.

La variedad de los ejercicios que se pueden practicar en grupo o solos en casa es prácticamente infinita. Por motivos de claridad de la exposición, los podemos agrupar así:

1. **Ejercicios eminentemente físicos.** Si dividimos nuestra jornada en tres partes, descubriremos que pasamos una tercera parte tumbados, otra tercera sentados y otra tercera de pie. Por ello, los ejercicios prevén movimientos rítmicos que puedan favorecer una postura correcta en cada una de estas posiciones.
2. **Ejercicios eminentemente emotivos.** Si pensamos en la complejidad de las relaciones humanas en las que estamos inmersos, observaremos que pueden reconducirse a tres dimensiones: yo, tú, los otros. Así pues, los ejercicios afectarán a estas relaciones:
   — *individualmente*, con ejercicios en solitario, destinados a desarrollar la potencialidad que contiene la relación con nosotros mismos. Séneca decía: «Quien se tiene a sí mismo por amigo nunca estará solo»;
   — *en pareja*, con ejercicios para dos personas, destinados a evocar y modificar la relación originaria madre-hijo para favorecer la armonía con todo tipo de relación con el compañero o compañera;
   — *en grupo*, con ejercicios en los que participan varias personas. Están destinados a desvelar el complejo edípico y a mejorar su solución. De esta manera, se podrá aprender a abrir la relación de pareja (yo-tú, madre-hijo, discípulo-maestro) a la entrada de un extraño (el padre, el prójimo, el grupo).

3. **Ejercicios eminentemente mentales.** El hombre siente una necesidad irreprimible de expresarse mediante sus facultades superiores: lenguaje, imaginación, consciencia, creatividad, arte, etc. Toda exigencia asociada al pensamiento, por tanto, se verá satisfecha en estos ejercicios. Por otro lado, siempre es conveniente, al manifestarse los contenidos profundos, que el individuo tenga la posibilidad de expresarlos, de forma que pueda elaborarlos y acceder a la catarsis (liberación).

El baricentro: un ejercicio como ejemplo

Examinemos ahora un ejercicio que podemos practicar incluso en solitario.

1. **Posición ortoestática.** Nos ponemos de pie, alineamos la columna vertebral con los pies y la cabeza, mantenemos los brazos a lo largo del cuerpo y la mirada concentrada en el horizonte.
2. **Baricentro lateral.** Desplazaremos todo el peso del cuerpo sobre el talón derecho (figs. 12 y 13), provocando

12

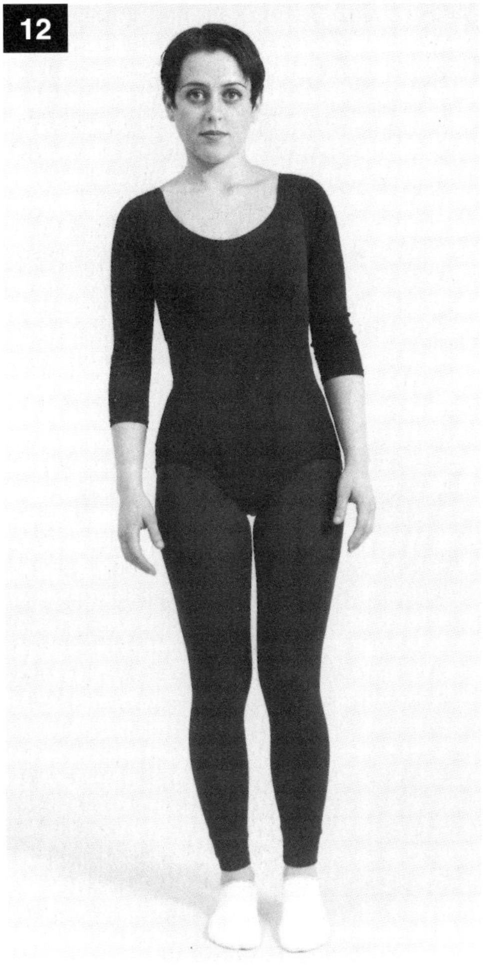

13

una oscilación armónica de unos 5 cm (que es la característica de la caminata natural).

3. **Respiración.** Sintonizamos la oscilación con los actos respiratorios: inspiramos mientras todo el peso del cuerpo se apoya sobre el pie derecho y espiramos mientras nos apoyamos sobre el pie izquierdo.
4. **Baricentro anterior-posterior.** Desplazamos todo el peso del cuerpo alternativamente, primero sobre los dedos de los pies y a continuación sobre los talones, provocando unas oscilaciones que irán en aumento poco a poco, hasta alcanzar la máxima amplitud que nos sea posible, sin levantar ni las puntas ni los talones, los cuales deben permanecer siempre pegados al suelo (figs. 14 y 15). Acompasaremos la respiración con los movimientos rítmicos: hacia adelante se espira, y hacia atrás se inspira.
5. **Baricentro rotatorio.** Para facilitar esta fase, podemos imaginar que tenemos un lápiz en la coronilla, con la punta orientada hacia el techo, sobre el que imaginamos que dibujamos

14

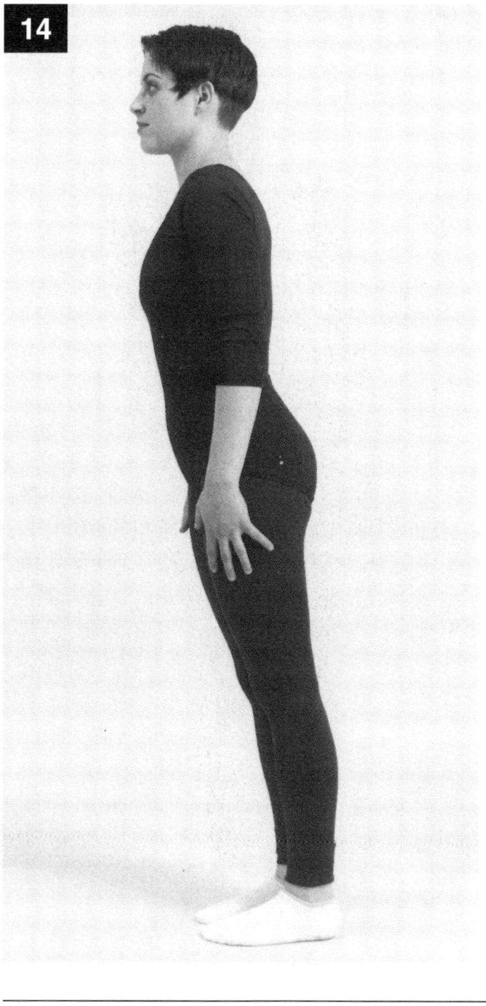

15

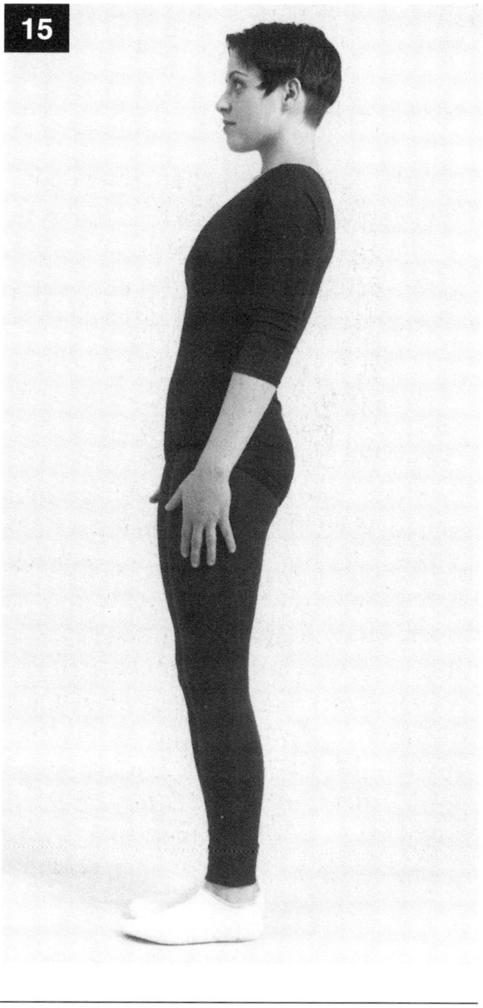

círculos continuos. Obtendremos una rotación cónica de todo el cuerpo, y el baricentro se desplazará continuamente desde el talón derecho a la punta del pie derecho, desde la punta del pie izquierdo al talón izquierdo, y así todo el rato. La respiración deberá realizarse la manera siguiente: en el espacio de la inspiración se dibuja un círculo, es decir, se hace una rotación completa; en el espacio de la espiración se dibuja otro círculo con otra rotación. Los pies siempre deben permanecer pegados al suelo, mientras el baricentro gira por los cuatro puntos (los dos talones y las dos puntas de los pies).

Advertencias

- Estos movimientos, aparentemente simples, fuerzan las articulaciones del tobillo, de la pelvis, de la columna vertebral y los dos hemisferios cerebrales. Por ello, se recomienda proceder gradualmente, sobre todo a quienes padezcan problemas en esas zonas y decidan ejercitarse en solitario.
- Pequeños dolores, vahídos y tensiones diversas, que pueden percibirse como agradables, deben considerarse una consecuencia normal del reequilibrio que estamos intentando recobrar. Si el malestar es muy intenso y nada agradable, se deberá interrumpir el ejercicio o continuarlo con la ayuda de un experto.
- Se aconseja empezar con la fase del baricentro lateral, dedicándole entre tres y diez minutos al día, según la edad y la salud psicofísica del practicante. Cuando el movimiento rítmico haya sido perfectamente asimilado, se continuará con las otras fases.
- La continuación debe adaptarse al provecho que se obtenga de los ejercicios, así como de la sensación agradable que nos reporten. En ningún caso se deben practicar de mala gana, como si tomáramos una medicina amarga con la convicción de que nos beneficiará. No debemos insistir en un movimiento que nos resulte desagradable, luchando contra nuestro propio cuerpo, para que sea más elástico y pierda rigidez. En la biorrítmica no se combate nunca contra nada, y menos aún contra nuestro propio cuerpo y su sabiduría. Por el contrario, debemos actuar obedeciendo a la voz irreprimible de la naturaleza, a sus exigencias, que aspira a restablecer gradualmente y con placer el equilibrio roto por agentes tanto externos como internos.
- En cuanto hayamos aprendido perfectamente un movimiento, debemos dirigir nuestra atención hacia las sensaciones físicas, a las emociones, a las imágenes que el propio movimiento suscita en nosotros. Debemos escucharlas y secundarlas; nunca rechazarlas, o reprimirlas. Si nos asaltasen ganas de reír o de llorar, dejaremos que fluya la risa o el llanto sin preocuparnos de nada más. Al acabar, verbalizaremos y compartiremos con los demás lo que hemos sentido. Si estamos solos, lo escribiremos en un papel o bien tomaremos consciencia de ello y reflexionaremos. Todo lo que nos ocurre no es por casualidad, sino que es el fruto de nuestro itinerario evolutivo: así, es conveniente asumirlo.

El placer, el movimiento y el ritmo

Las estrellas, la tierra, la vegetación, los animales y los hombres se mueven por el puro placer de moverse. Desde el punto de vista psicológico, todos los animales comen por el placer de comer, no para sobrevivir. Todos los seres vivos sexuados se aparean por el placer de aparearse, y no para procrear.

El placer es un mecanismo instintivo, pensado por la naturaleza para incitar a todos los seres a transformarse. Placer significa atracción. Si algo me gusta es porque me atrae; si me atrae, es que me gusta. En el placer se genera un movimiento de aproximación que conduce a la unión.

Todo movimiento natural provoca placer y los movimientos que no provocan placer no son naturales. Si tratamos de pensar en los movimientos antinaturales, agitados, frenéticos y distónicos de la persona apresurada y ansiosa, comprobaremos cómo no le producen placer alguno, sino simplemente una aspiración delirante: de hecho, ¿cómo es posible emplear medios estresantes para alcanzar un estado de placer sereno? Un día, un señor muy simpático que trabajaba catorce horas al día le dijo a su mujer, que se quejaba: «En cuanto haya ganado X millones de pesetas, venderé la empresa, me tranquilizaré y podremos disfrutar el resto de nuestra vida». Cumplió su palabra: al cumplir cincuenta años, alcanzó la suma que se había propuesto y se retiró al campo, a una casa inmensa rodeada de verde. Sin embargo, la felicidad y el placer de vivir jamás llegó a sentirlos. Su cuerpo estaba en reposo, pero su ánimo inquieto seguía corriendo, agitándose, estresándose, exactamente como había hecho durante todos los años anteriores. Ni el ocio matutino ni el vespertino lograron conferirle el sereno placer al que aspiraba, porque lo buscaba con el mismo frenesí con el que había acumulado los X millones. Sólo el consejo de un psicólogo le abrió los ojos. Comprendió entonces que el placer no es algo lejano, sino que está al alcance de nuestra mano, y que basta con saber apreciarlo con cada suspiro, con cada movimiento y cada sensación. Cuando nos preparamos para los ejercicios de biorrítmica, es importante tener consciencia de este hecho.

La regla de oro que debemos seguir es esta: no tener jamás prisa. La calma es la mejor consejera. Un proverbio conocido reza: «No por mucho madrugar amanece más temprano».

Estas sugerencias se derivan de la propia naturaleza: esta quiere hacernos disfrutar de todo el placer que contienen los movimientos. Estos emiten toda su potencia sólo si los escuchamos, los vivimos y los saboreamos mientras se están produciendo.

En la naturaleza podemos hallar muchos ejemplos de ello. Observemos cómo se mueven los caracoles: se desplazan lentamente, resbaladizos y voluptuosos. Al inquieto Pinocho, que necesitaba una ayuda inmediata, el caracol le respondió con una calma olímpica: «Yo soy un ca-ra-col y el ca-ra-col nun-ca tie-ne pri-sa». Había comprendido cuál era el sentido de la vida.

Al principio, se decía que todo movimiento natural produce un placer. Ahora, podemos añadir que también todo placer produce un movimiento natural.

El movimiento rítmico es, ciertamente, el más agradable, porque es el que está más próximo a la naturaleza. Para animar a las personas a propagar la especie y no cerrarse en sí mismos, la naturaleza les ha dotado del instinto sexual, que se activa mediante la actividad rítmica más agradable de la que puede gozar el hombre. Esta actividad rítmica constituye el prototipo de todos los ejercicios que ha concebido la biorrítmica. El motivo es simple: en la activación de la propia sexualidad, el movimiento rítmico y el placer alcanzan una fusión perfecta. Y es precisamente esto lo que queremos obtener al realizar los ejercicios: armonía entre movimiento, ritmo y placer.

Se nos puede preguntar cuál es la función del ritmo. La respuesta es esta: solemos regresar a los lugares en los que fuimos felices de niños y nos gusta saborear los platos que comíamos cuando éramos pequeños. Toda regresión ejerce una fascinación irresistible en nosotros. Pensemos ahora que lo primero de lo que hemos podido disfrutar, es el latido del corazón de nuestra madre. Aquel latido del corazón, tamizado y dulcificado por el líquido amniótico en el que estábamos sumergidos, se ha grabado en la parte más íntima de cada una de nuestras células y sigue desde entonces enlazando en una unión indiscernible la tríada entre movimiento, ritmo y placer.

Sólo mucho después, la unión de estos elementos se verá rota, cuando aprendemos a analizar (descomponer) y a pensar (pesar en una balanza).

Este recorrido de la civilización, que conduce de lo global a lo particular y de la unión a la división, ha afectado a casi todos los campos: desde el arte se ha extendido a la ciencia, de la poesía a la prosa, de la danza al paseo, del canto a la palabra.

A alguien quizá le parezca extraño, dada la fuerza con que nos condicionan los modelos racionales. Pero contemplemos a los niños pequeños, cuando apenas acaban de dar sus primeros pasos. No caminan como nosotros: su movimiento es una danza. En cuanto aprenden los primeros rudimentos del lenguaje, no hablan como los adultos, sino que sus palabras son como una canción.

Esta constatación también es válida para los hombres de las tribus primitivas: su caminar es como un paso de danza y su hablar es como un canto.

Los niños y los primitivos están muy cerca del estado de naturaleza, por lo que viven armónicamente, es decir, fundiendo movimiento, ritmo y placer.

Ejercicios lúdicos

Ejercicios individuales

Los ejercicios lúdicos pueden practicarse en solitario, en pareja o en grupo. Describiremos a continuación los primeros. De pie, se camina apoyando rítmicamente, y de manera sucesiva, la planta del pie derecho y la del pie izquierdo.

Al mismo tiempo, silabeamos una frase o una palabra que nos inspire espontaneidad, naturaleza y alegría. Podemos inventárnosla o tomarla del repertorio infantil. A continuación, proponemos algunos ejemplos:

1. Mi ma-má me mi-ma.
2. Tu tí-o te tu-te-a.
3. Al pa-sar la bar-ca me di-jo el barque-ro.
4. An-tón An-tón An-tón pi-ru-le-ro.
5. Cin-co lo-bi-tos tie-ne la lo-ba.
6. El cie-lo es-tá en-la-dri-lla-do, ¿quién lo des-en-la-dri-lla-rá? El buen des-en-la-dri-lla-dor que lo des-en-la-dri-lle, buen des-en-la-dri-lla-dor será.

Hay muchas variantes posibles para estos ejercicios.

1. Podemos permanecer de pie y, silabeando las mismas palabras, palmear alternativamente la mano derecha y la izquierda sobre los muslos y las rodillas, como en las figuras 16 y 17, o bien siguiendo esta serie: sobre los muslos, las rodillas, los hombros y entre sí.
2. Los mismos movimientos con las mismas palabras pueden realizarse sentados.
3. Tumbados, podemos realizar movimientos parecidos, adaptándolos de la manera más adecuada. Si nos hemos tapado con una manta, se puede palmear con las manos sobre la colchoneta o sobre las ingles, mientras movemos los pies de manera coordinada.

Advertencias

• Cuando se realicen los ejercicios con la emisión de vocales o sílabas, no debemos preocuparnos de la respiración, puesto que esta se armoniza espontáneamente con los movimientos corporales.

• Debemos concentrarnos en todo momento en las sensaciones (acontecimientos corporales) y las emociones (acontecimientos afectivos) que se producen en nuestro organismo.

• *Pronunciación subvocal.* Si en el lugar en el que decidimos ejercitarnos hay presentes otras personas a las que no les in-

16

17

teresan nuestras prácticas o que pueden sentirse molestas por ellas, podemos hacer lo siguiente: pronunciamos las sílabas haciendo vibrar las cuerdas vocales, pero sin emitir sonidos audibles, como en la lectura en voz baja, en la que se mueven los labios sin que nadie nos oiga.

• *Movimiento intencional.* Cuando la presencia de otras personas en el mismo lugar desaconseja realizar movimientos aparatosos, podemos hacerlos de forma intencional. La mente piensa cuál es el movimiento que debe realizar, emite la orden de ejecución, moviliza todo el sistema neuromuscular afectado, pero el movimiento se produce «bajo la piel», ya que la cantidad de energía movilizada no basta para hacer visible el movimiento.

• *Diferencias.* Entre el movimiento intencional y el manifiesto, así como también entre la pronunciación subvocal y la manifiesta, hay una diferencia de estructura y, por lo tanto, también de efectos. Lo que resuena o es visible desde el exterior es más intenso y divertido, pero también más superficial (es el preferido de los niños).

Lo que resuena y es «visible» sólo en el interior es más tenue, más suave, pero también más profundo (es el preferido por los adultos). De todos modos, en función de las circunstancias exteriores y de nuestro estado de ánimo más o menos íntimo, podemos elegir tanto el tipo de ejercicio como la modalidad de ejecución.

Ejercicios en pareja

Se silabean las mismas palabras o frases del ejercicio individual, pero los movimientos se ejecutan de acuerdo con el compañero.

1. De pie, un compañero frente al otro, palmease rítmicamente y de forma sucesiva la mano derecha y la mano izquierda, mientras se pronuncian en voz alta, separando las sílabas, las palabras previamente acordadas.
2. De pie, un compañero frente al otro; las palmas de las manos se apoyan sobre los hombros del compañero. La palma de la mano derecha golpea sobre el hombro izquierdo y, a continuación, la palma de la mano izquierda golpea sobre el hombro derecho, mientras se pronuncian en voz alta, separando las sílabas, las palabras previamente acordadas.
3. Sentados, uno frente al otro, la palma de la mano derecha golpea sobre la rodilla izquierda del compañero y, a continuación, la palma de la mano izquierda golpea sobre la rodilla derecha. Se pueden inventar también otros modelos rítmicos en pareja sincronizados, mientras se pronuncian en voz alta, separando las sílabas, las palabras previamente acordadas.
4. Tumbados sobre colchonetas, o sobre una sola alfombra de gran tamaño. Un compañero frente al otro, de forma que las plantas de los pies estén en contacto entre sí.
5. Mientras se silabean las palabras, los pies realizan presiones rítmicas alternas en perfecta sintonía con los pies del compañero.
6. Nos tumbaremos sobre una colchoneta, o bien sobre una sola alfombra de gran tamaño frente a nuestro compañero, de manera que las piernas se entrecrucen a la altura de las rodillas, y los compañeros se puedan mantener cogidos de las manos. Al mismo tiempo se silabean las palabras, las manos de un compañero arrastran y empujan alternativamente las del otro sin hacer demasiada fuerza, de forma que provoquen un balanceo agradable.
7. Sentados sobre una colchoneta, con las piernas cruzadas, cogidos de las manos en equilibrio perfecto, se provoca un movimiento anterior-posterior que empuja a los dos compañeros a rodar de forma alterna sobre la espalda de uno y la del otro. Este movimiento puede acompañarse con la emisión de vocales, como «ohhh... ahhh...», o bien sílabas como «bim-bó... bim-bó...».

Advertencias

• *Sintonía.* El objeto de los ejercicios en pareja es el de acostumbrar al individuo a sintonizarse, adecuarse, comprender y colaborar con un compañero cualquiera, tanto en el ámbito laboral como en el afectivo. Por todo ello, es mejor equivocarse juntos que acertar cada uno por su separado. Lo más importante es la armonía, el acuerdo de los movimientos, que se obtiene fácilmente si permanecemos en contacto emotivo con el compañero.

• *Adaptación.* El más sensible, dulce y flexible de los dos deberá adaptarse al compañero de movimientos más rígidos e inhibidos. Esta es una actitud que padres y madres adoptan espontáneamente cuando sacan a pasear al niño: adecuan sus pasos a los más cortos e inseguros del pequeño. Durante la ejecución de los ejercicios, el más hábil no debe formular observaciones al compañero; bastará con tratar de mantener la máxima sintonía posible. Siguiendo los ejercicios, instintivamente, el menos hábil tenderá a mejorar sus ejercicios a causa de la intensa comunicación no verbal que tiende a establecerse entre ambos desde el principio. Mediante esta comunicación, se produce un intercambio de información mucho más fluido que el que contienen las palabras.

• *Ritmo.* Para favorecer la sintonía, a menudo se utiliza una música muy rítmica, que permite que los compañeros coordinen sus movimientos de manera más armónica. Debemos tener presente que el ritmo exterior, a pesar de ser de gran ayuda en la ejecución correcta de los ejercicios, no constituye su esencia, ya que esta reside en el ritmo interno de los dos compañeros, es decir, en la sintonía. Por tanto, repitámoslo: si no se presenta el caso, es mejor moverse arrítmicamente para alcanzar una sintonía armónica con el compañero que seguir a la perfección el ritmo exterior y descoordinarse con el compañero.

Ejercicios en grupo

1. Se forma un círculo de tres o más personas. Se cogen de las manos y se abre el círculo. Cada cual coge las manos de las dos personas contiguas, intentando mantener la palma de la mano derecha orientada hacia abajo y la palma de la izquierda hacia arriba. Mientras se pronuncian las sílabas o palabras establecidas previamente, los brazos pueden realizar varias clases de movimientos: oscilatorios, anteriores-posteriores, hacia arriba-hacia abajo, rotatorios, etc. Los pies también pueden participar: se golpea rítmicamente con la planta de los pies en el suelo de acuerdo con una cadencia variable.
2. El círculo se ha abierto mucho. Los participantes, cogidos de las manos, producen movimientos rotatorios alrededor del eje corporal, o bien movimientos anteriores-posteriores o laterales que implican en todo momento a la totalidad del eje corporal. El movimiento se coordina con la emisión vocal.
3. El círculo se va estrechando poco a poco. Cada participante apoya los brazos sobre la parte interior de los hombros de los dos compañeros contiguos. El ejercicio consiste en golpear, suavemente y de forma alternativa, la mano derecha y la mano izquierda sobre los hombros de los dos compañeros (fig. 18), mientras la emisión vocal se produce de modo coordinado.
4. El círculo es muy estrecho. Cada participante mantiene los antebrazos detrás del cuello y sobre los hombros de los dos compañeros contiguos, de forma que alcance con la palma de la mano el hombro más alejado. Las

18

manos se pueden palmear sobre los hombros al mismo tiempo, o de forma alterna, siempre en sintonía con la emisión vocal.

5. El círculo es muy estrecho. Cada participante ciñe con los brazos los costados de los dos compañeros contiguos, de forma muy relajada. Escucha las vibraciones, oscilaciones y micromovimientos que se generan espontáneamente y los sigue de la manera más espontánea posible.

Emite de forma muy dulce, como si soplara, el sonido de una vocal, que puede ser «ohhh» o bien «ahhh», etc. Este ejercicio eleva el aspecto lúdico hacia la trascendencia, la meditación y el amor universal indiferenciado.

Advertencias

• *Pertenencia.* La persona goza de una buena salud mental cuando es capaz de sentirse bien no sólo consigo misma o con un compañero determinado, sino también con el resto del grupo. Esto implica la pertenencia a la comunidad humana, el nido común en el que nos ha colocado la naturaleza, porque no olvidemos que el ser humano es un ser social. El objeto de estos ejercicios es el de ayudar a la persona a salir de su cascarón, de sus hábitos, de su forma de sentir y de pensar, para que aprenda a observar a los demás, a escucharlos, a comprenderlos, a divertirse con ellos, a participar en las alegrías comunes y a sentir el placer de estar juntos.

• *Amor indiferenciado.* Estos ejercicios favorecen la sensibilidad de sentirse atraídos por los participantes por el mero hecho de que pertenecen al grupo y constituyen una pequeña comunidad. Lo que yo siento por ellos no debe ser un amor selectivo: «Esto me gusta, esto no me gusta; esto me resulta simpático y aquello, antipático; me siento cercano a esa chica porque me atrae sexualmente; prefiero darle la mano a aquel porque es más dulce y tierno, etc.» Quien piense de este modo no ha entrado todavía en el espíritu del grupo, no pertenece a él, sino que se halla allí sólo físicamente, y su presencia tiende a perturbar la atmósfera divertida y amistosa que anima a los demás. Amor indiferenciado significa sentir a las personas como hermanos, como amigos dignos de toda nuestra atención. De este modo comprenderemos que hemos alcanzado la plenitud del amor indiferenciado cuando logremos gozar de la misma forma tanto en presencia de las personas que nos resulten más agradables como de las que lo son menos.

• *Posiciones de las manos.* Cuando se forma el círculo y los participantes deben cogerse de las manos, es preferible elegir un contacto que favorezca la máxima circulación energética y la máxima armonía. Es sabido que la mano derecha posee una energía distinta a la de la mano izquierda. Y es que la mano derecha posee una energía positiva (masculina, yang, que da), mientras que la mano izquierda la tiene negativa (femenina, yin, que recibe). Por ello, es mejor que la mano derecha esté encima, con el dorso hacia el cielo y la palma hacia el suelo. Así, apretará la mano izquierda del compañero, que adoptará la posición opuesta, con la palma de la mano orientada hacia el cielo y el dorso hacia el suelo.

Escuchar, comprender y amar

Escuchar significa adoptar una posición receptiva para acoger todas las voces y mensajes que provienen de la naturaleza a través de los sentidos tanto externos como internos.

La naturaleza nos habla a través de todo lo que nos rodea: los árboles, los animales, las estrellas, nuestro cuerpo, la gente, etc. Si tenemos oído para estos lenguajes, podemos decir que nuestra mente está a la escucha.

Cuando se interpreta, se juzga y se piensa en lo que se tiene que contestar, no se está en actitud de completa escucha, y quien no escucha no puede comprender. Los científicos, los sabios y los místicos de todos los tiempos siempre han sido grandes «escuchadores». Por ello han podido comprender y descubrir.

Si pudiera leer todos los libros de todas las bibliotecas del mundo, sin duda aprendería muchas cosas y enriquecería mi mente, pero si aprendiera a leer en el gran libro que la naturaleza ofrece cada día ante mí, aprendería mucho más y enriquecería mi corazón.

Para un buen oyente, la naturaleza no tiene secretos. La palabra «comprender» proviene del latín *capere*, que significa «coger».

Si yo sostengo una manzana en mi mano, establezco con ella una relación de unión. Esta unión puede hacerse aún más estrecha si me la llevo a la boca y me la como. En este caso, se convertirá en una parte de mí mismo. Comprender es lo mismo: se toma una parte de la naturaleza y se la hace parte de nosotros. Cuanto más próxima me resulte una cosa, mejor la comprendo, cuanto más lejana, menos la comprendo.

La comprensión más grande se obtiene de la cercanía más íntima. Es por ello que la madre comprende a su hijo aunque no hable, y por ello también los enamorados se comprenden con sólo mirarse a los ojos.

El elemento fundamental para comprender y, por tanto, actuar de forma natural, es la unión íntima. Si nos dividimos y nos oponemos a todas las cosas, podremos alcanzar nuestros objetivos únicamente por la fuerza. Si en cambio nos unimos a ellas, los podemos realizar con ayuda de los sentimientos.

Si me siento unido emotivamente a un objeto, a mi cuerpo o a una persona, significa que estoy amando. Cuando más intenso es el vínculo que une, mayor es el amor.

Es sorprendente comprobar que:

— cuanto más escucho a una persona, más la comprendo;
— cuanto más me siento escuchado, más me siento comprendido;

— cuanto más me siento comprendido, más me siento amado;
— cuanto menos se me escucha (por ejemplo, si se me interrumpe mientras hablo), menos me siento comprendido;
— cuanto menos me siento comprendido, menos me siento amado;
— cuanto más resentimiento acumulo hacia una persona, menos dispuesto estoy a escucharla;
— cuanto menos dispuesto estoy a escucharla, menos la comprendo;
— cuanto menos la comprendo, menos la amo.

Está claro que, para poder odiar o sentir aversión hacia una persona, es necesario negarse a escucharla, de manera que no nos sintamos obligados a comprenderla. Sólo así podemos eludir el «peligro» de amarla, es decir, de establecer una unión sentimental con ella.

Muchos siglos antes de que Cristo hablara, la sabiduría egipcia había dejado escrito sobre una estela: «¿Cómo puedes amar a los demás si no te amas a ti mismo?» Y nosotros añadimos: «¿Cómo vas a escuchar a los otros si no te escuchas a ti mismo?»

La vida consiste en escuchar y actuar. La escucha es fundamental para disponer de informaciones oportunas para una acción correcta y natural. Por lo tanto, la primera persona a la que debemos escuchar y amar es a nosotros mismos: de hecho, nosotros mismos somos el punto de partida de cualquiera de nuestras acciones.

Charitas incipit ab ego, el amor empieza en mí mismo, afirma la teología cristiana. Sin embargo, el amor del que se habla es universal, lleno de confianza y de abandono. *Ubi charitas et spes, Deus ibi est*, donde hay amor y esperanza, allí está Dios, recitan los cantos gregorianos.

Estamos inmersos en la divinidad tanto cuando estamos absortos escuchando las voces que provienen de nuestro interior (ín-tasis) como cuando nos concentramos en las voces que provienen de la naturaleza y del universo (éxtasis).

Alcanzar este objetivo es el objeto de todas las técnicas evolutivas, tanto orientales como occidentales. Dispongámonos ahora a realizar todos los ejercicios que se proponen a continuación con este ánimo de escucha.

Ejercicios dinámicos sobre los chakras

El trabajo sobre los chakras se inspira tanto en las técnicas orientales del yoga, de la práctica y de la respiración zen, como en las prácticas occidentales de la bioenergética, la biomecánica postural, la musicoterapia y la danzaterapia.

En realidad, a pesar de proceder de contextos culturales distintos, todas estas prácticas persiguen un único fin: el reequilibrio psicofísico de la persona. Esto es, precisamente, lo que también nos proponemos obtener nosotros con estos ejercicios de fácil realización y aligerados del peso doctrinal que conservan toda la fuerza de las tradiciones antiguas. Pueden practicarse individualmente, en parejas o en grupo.

Ejercicios individuales

1. *Raíz*. Posición erguida. Manos detrás de la espalda, con los dedos entrelazados. El dorso de las manos presiona sobre el hueso sacro. Se camina con paso acompasado (fig. 19). El talón aguanta el peso de todo el cuerpo, y debe tocar el suelo antes que la punta. Cada vez que el talón derecho toca el suelo, se emite el sonido vocálico «o», mientras las manos aprietan hacia el suelo provocando un ligero estiramiento de la cabeza.

Cuando, por el contrario, el talón izquierdo toca el suelo, se inspira profundamente en silencio, y las manos vuelven a su posición de partida. El significado de la «o», como el de todas

19

las demás vocales, se explicará más adelante, en la parte dedicada precisamente a las vocales. Los otros seis ejercicios que siguen tienen la misma estructura, y sólo cambia la posición de las manos y el sonido que se emite.

2. *Sacro*. Las manos detrás de la espalda con los dedos entrelazados, un poco más arriba que en el ejercicio anterior. El dorso de las manos presiona entre la quinta vértebra lumbar y la primera sacra. Cada vez que el talón derecho toca el suelo, se emite el sonido vocálico «u», mientras que los codos empujan hacia atrás. Cuando el talón izquierdo toca el suelo, se inspira en silencio y los codos vuelven a su posición de partida.
3. *Ombligo*. Las manos detrás de la espalda, con los dedos entrelazados a la altura de la cintura. Exactamente, el dorso de la mano presiona entre la primera vértebra lumbar y la duodécima torácica. Cada vez que el talón derecho toca en el suelo, se emite el sonido vocálico «a», mientras que los codos empujan hacia atrás. Cuando contrariamente el talón izquierdo toca el suelo, se inspira en silencio y los codos vuelven a la posición de partida.
4. *Corazón*. Las manos juntas a la altura del pecho, como si rezáramos, justo frente al apéndice xifoideo (parte inferior del esternón). Cada vez que el talón derecho toca el suelo, las manos se abren hacia los lados, como en un gesto sacerdotal, mientras se emite el sonido vocálico de la «e». Cuando, por el contrario, toca el suelo el talón izquierdo, se inspira en silencio y las manos vuelven a unirse junto al pecho.
5. *Garganta*. Las manos sobre el cuello, con los dedos entrelazados. Las palmas de las manos cubren las vértebras cervicales de la primera a la séptima. Cada vez que el talón derecho toca el suelo, los codos se abren, alejándose el uno del otro, mientras emitimos el sonido vocálico «i». Cuando, en cambio, toca el suelo el talón izquierdo, se inspira en silencio y los codos tienden a cerrarse, acercándose el uno al otro.
6. *Frente*. Las manos sobre la nuca con los dedos entrelazados. Las palmas de las manos cubren toda la zona occipital. Cada vez que toca el suelo el talón derecho, los codos se abren alejándose entre sí, mientras se emite, si es que podemos decirlo así, una «forma sonora de silencio»: «mhhh». Cuando, por el contrario, toca el suelo el talón izquierdo, se inspira en silencio y los codos tienden a cerrarse, acercándose.
7. *Coronilla*. Las manos entrelazadas encima de la cabeza. Las palmas de las manos cubren el área de la coronilla, sin presionar. Cada vez que toca el suelo el talón derecho, se emite el sonido «nhhh». Cuando, en cambio, toca el suelo el talón izquierdo, se inspira en silencio. Durante la caminata, las manos se apoyan suavemente sobre la cabeza y los brazos quedan libres para seguir los micromovimientos espontáneos que se producen.

Advertencias

• *Sonido*. La emisión del sonido vocálico debe hacerse con fuerza, decisión y seguridad. Esto despierta el potencial energético asociado al plexo nervioso (chakra), sobre el que se apoyan las manos.

• *Posición erguida.* Con una postura blanda y flexible, se realizarán los movimientos manteniendo en todo momento una posición perfectamente erguida, nunca dislocada o cargada hacia delante o hacia un lado.

• *Escucha.* Hay que tomar consciencia de todas las sensaciones y emociones que se experimentan, sin juzgarlas o interpretarlas: esto podremos hacerlo durante la puesta en común o bien en una fase posterior. Mientras nuestro cuerpo está implicado en el papel del actor, la mente lo estará por su parte en el de espectadora, que mira, observa y se emociona.

Ejercicios en pareja

Los ejercicios dinámicos sobre los chakras realizados en pareja siguen la misma estructura descrita para los individuales. La vocal emitida es siempre la

20

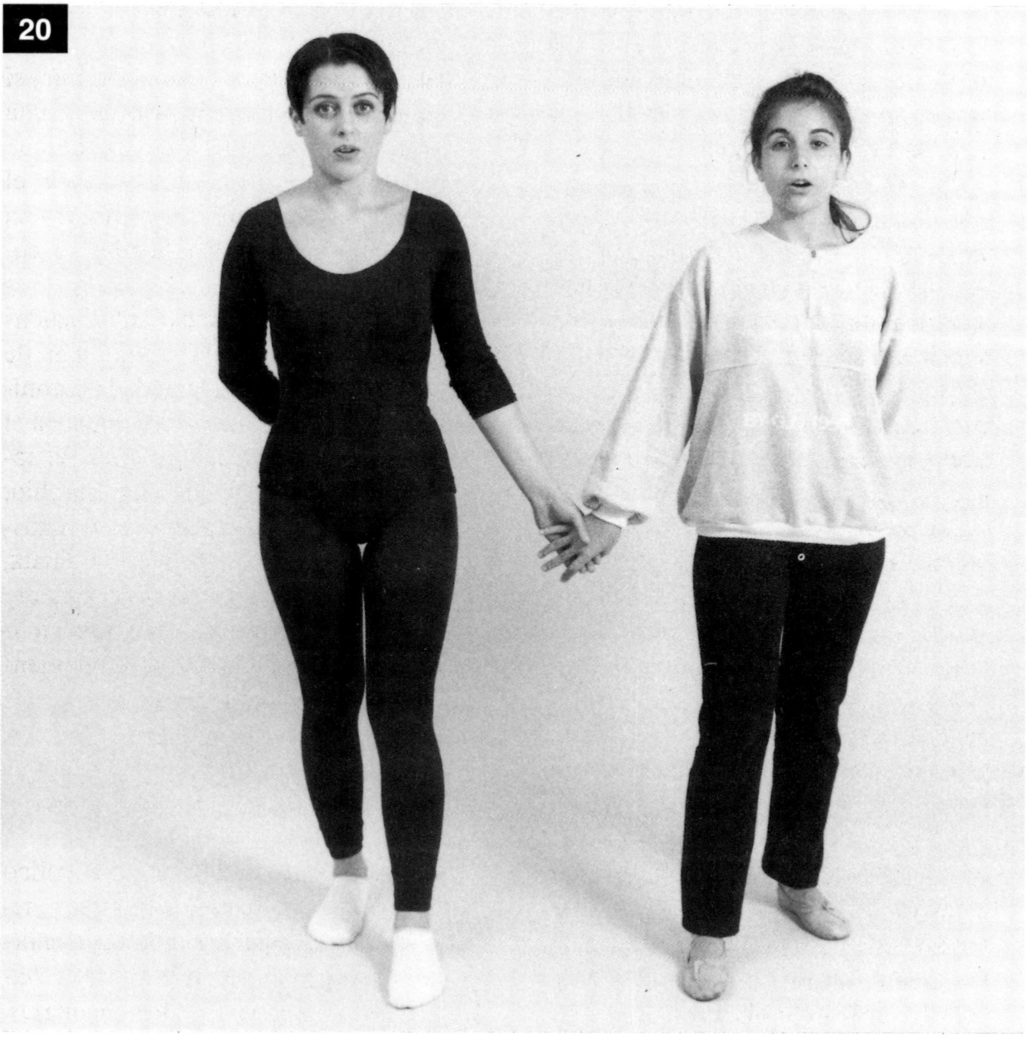

misma: la que se corresponde a cada chakra en concreto.

1. Los dos compañeros se cogen de la mano; quien tiende la mano derecha tiene la palma vuelta hacia abajo, mientras que quien tiende la izquierda tiene la palma hacia arriba (fig. 20).
2. Las manos externas se colocan sobre el chakra en cuestión, como en los ejercicios individuales. Por ejemplo, en los ejercicios de la raíz, mientras la mano interna aprieta la del compañero, la externa se coloca con el dorso debajo del hueso sacro y presiona hacia abajo con cada emisión de la «o».
3. Los pies proceden en sintonía. Ahora ya no nos preocupamos del pie derecho o del izquierdo, sino de los pies internos y externos. Al principio, los pies internos se encuentran adelantados. Cuando los desplazamos, se emite el sonido correspondiente al chakra en cuestión. Las manos internas siguen, en su movimiento anterior-posterior, la onda sinérgica que se genera con el movimiento de las piernas.

Advertencias

Son las mismas que se han indicado para los ejercicios lúdicos en pareja.

Ejercicios en grupo

1. *Raíz* (vitalidad). Todos los participantes se cogen de la mano formando un círculo (fig. 21).

   La distancia es de 10 cm; de este modo, cada uno puede mantener los brazos perfectamente estirados hacia el suelo. Se emite la vocal «o», mientras las manos presionan hacia abajo. Sigue entonces la fase de inspiración, en la que las manos vuelven a su posición de partida. El resultado es un movimiento de estiramiento cráneo-sacral que tiende a alzar la cabeza, alejándola de la zona perineal, la cual sufre una presión que se descarga sobre los talones.
2. *Sacro* (sexualidad). En círculo y cogidos de la mano. La distancia entre los participantes es de unos 20 cm. Se emite la vocal «u» mientras las manos presionan hacia atrás y el pubis tiende a adelantarse. Con la inspiración, se vuelve a la posición de partida.
3. *Ombligo* (voluntad). En círculo y cogidos de la mano. La distancia entre los participantes es de unos 30 cm. Se emite la vocal «a», mientras las manos presionan hacia atrás y el abdomen tiende a adelantarse. El punto exacto que tiende a adelantarse es *hara*, que se encuentra pocos centímetros por debajo del ombligo. Con la inspiración, se vuelve a la posición de partida.
4. *Corazón* (amor). En círculo y cogidos de la mano. Esta vez, las manos se hallan en alto, a la altura de los hombros, mientras que los codos se encuentran pegados al cuerpo. Se emite la vocal «e», mientras que las manos presionan hacia atrás, abriendo el pecho. Con la inspiración, se vuelve a la posición de partida.
5. *Garganta* (comunicación). Dispuestos en círculo, se entrecruzan los brazos sobre los hombros de los compañeros, de forma que las manos se

apoyen con las palmas sobre los hombros más distantes de los compañeros más cercanos. Se emite el sonido «i», empujando la garganta hacia delante y mirando a los ojos a uno y otro compañero, alternativamente. Con la inspiración, se vuelve a la posición de partida.

6. *Frente* (intuición). Dispuestos en círculo y cogidos de la mano, que se

21

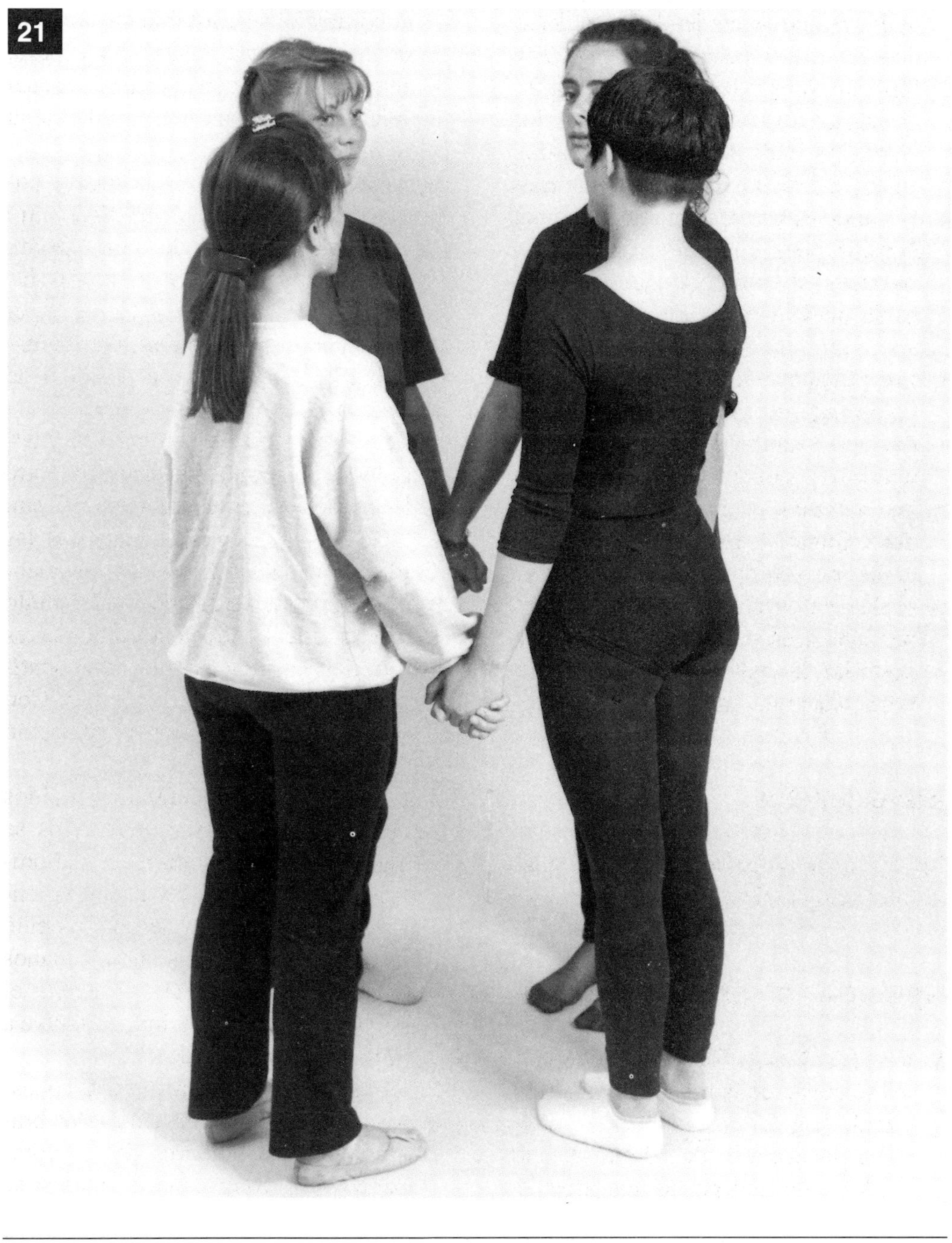

levantan por encima de la cabeza. Los brazos están perfectamente estirados. Se emite el sonido «mhhh», mientras los brazos presionan hacia atrás y la frente tiende a adelantarse. Mediante la inspiración, se vuelve a la posición de partida.

7. *Coronilla* (unión). En un círculo muy estrecho, los brazos rodean las cinturas de los dos compañeros más cercanos y las manos se apoyan por las palmas sobre los costados. Se emite el sonido «nhhh». Con la inspiración, se vuelve a la posición de partida. Mientras se emite el sonido, se levanta suavemente el eje vertebral con una ligera presión sobre los talones, como si quisiéramos ayudar al sonido a llegar hasta la coronilla. Los exteriores se tocan: el trabajo sobre la coronilla reproduce, a un nivel mucho más elevado, el movimiento de estiramiento cráneo-sacral característico del «sacro».

Advertencias

• *Talones.* Cuando el ejercicio se hace correctamente, la presión muscular se descarga sobre los talones, que son el principal punto de apoyo y de sostén. Las personas ansiosas, estresadas e inquietas, tienden a descargar la presión muscular sobre las puntas de los pies, neutralizando los efectos beneficiosos de los ejercicios.

• *Espiración.* Cuando se emite el sonido, se debe realizar una respiración completa: los pulmones deberán estar libres de todo el aire que contienen. Las personas ansiosas, estresadas e inquietas no liberan nunca sus pulmones, sino que conservan siempre una cierta reserva de aire, puesto que inconscientemente temen que este les falte.

• *Chakra.* La atención debe concentrarse sobre la zona en la se está trabajando. Debemos imaginarnos que el sonido emitido sale del chakra en cuestión.

• *Ritmo.* Los movimientos de las extremidades, del tronco, de la espiración y de la inspiración deberán sucederse de forma rítmica. Si el grupo está bien coordinado, se coge casi de inmediato el ritmo, que es la resultante de las aportaciones individuales de cada uno de los integrantes.

• *Escucha.* Las «ruedas de energía» suscitan en nosotros sensaciones y emociones peculiares. Debemos escucharlas y perdernos en ellas.

Ejercicios zen sobre los chakras

Ejercicios individuales

Los ejercicios que describimos en esta parte siguen el mismo esquema que el de los ejercicios dinámicos sobre los chakras en solitario. Los movimientos por separado y la emisión del sonido son muy lentos, suaves e inspirados, para favorecer así la concentración. La persona está de pie, con la columna vertebral perfectamente erguida y la mirada dirigida hacia el suelo, a unos tres metros enfrente suyo.

Mientras que el pie izquierdo aguanta el peso del cuerpo, permaneciendo quieto, el derecho se desplaza hacia delante y apoya primero el talón, después la planta lateral y por último la parte anterior.

Se procederá del mismo modo con el otro pie. La longitud del paso será la típica de la caminata meditativa: el talón se apoyará en el suelo a la misma altura del dedo gordo del otro pie. Cada paso durará el espacio de una respiración completa en sus dos fases: durante toda la inspiración se levanta lenta y gradualmente el pie posterior (talón, planta lateral y punta del pie) y se desplaza hacia delante; durante la espiración, se apoya en el suelo, siempre de forma lenta y gradual (talón, planta lateral y punta del pie). El sonido que se emite ocupa el espacio de la espiración completa: empieza con la presión del talón sobre el suelo y acaba con el levantamiento del otro talón. La consecuencia es una resonancia prolongada, melódica y monotemática, de gran valor evocativo.

Advertencias

• *Abandono*. Es preciso dejarse llevar de la forma más completa y total que sea posible. Esta actitud provoca un reequilibrio energético y puede acarrear «descargas de ajuste» que se manifiestan en forma de alteraciones profundas, pérdida de la consciencia, conmociones, estados de trance, etc. Estas sensaciones son muy beneficiosas para la evolución de la persona.

Ejercicios en pareja

Siguen la misma estructura y progresión descrita para los ejercicios dinámicos en pareja. Lo único que cambia es la forma de realizarlos. Los movimientos y la emisión del sonido, también en este caso, son mucho más lentos y suaves. Para la forma de ejecutarlos, se seguirán las mismas normas descritas para los ejercicios zen sobre los chakras en solitario.

Advertencias

• *Sintonía*. El objeto de este ejercicio es hacer que la persona sea sensible a las vibraciones espirituales, emotivas y sensoriales de un compañero cualquiera. Si se escuchan y comprenden estas vibraciones, se podrá vivir de una forma mucho más provechosa las relaciones de pareja. Por ello, es fundamental prestar mayor atención a la acción sinérgica, sincronizada y armónica con el propio compañero que a la correcta ejecución del ejercicio.

• *Música*. Todos los ejercicios que prevén la emisión de la voz no necesitan acompañamiento musical, ya que los sonidos vocales son la música de la que se derivan todas las demás. La voz humana tiene el poder de unir el mundo interior con el exterior y de conducir el ánimo hasta el éxtasis.

Ejercicios en grupo

Los ejercicios zen sobre los chakras realizados en grupo siguen la misma estructura y progresión que los ejercicios dinámicos en grupo. Sólo cambia la forma de realizarlos: siempre con movimientos lentos y suaves.

Para la modalidad de ejecución, se prestará atención a la concordancia entre las acciones por separado y las fases respiratorias. En la práctica, mientras se realiza muy lentamente el movimiento, el sonido vocal se emite de forma prolongada, es decir, haciéndolo resonar durante toda la espiración. La inspiración silenciosa que acompaña el movimiento ocupará el mismo espacio que la espiración.

Advertencias

• *Fusión con el grupo*. La persona entrará en el espíritu del grupo, olvidándose por un momento de sí misma y sus propias exigencias. Si un participante tiende a cambiar su posición en el círculo o en la disposición del grupo para estar más cerca de un compañero que le agrada especialmente, esto indicará que aún no se ha fundido con el grupo como debería.

• *Amor indiferenciado*. El amor, el afecto y la simpatía que circulará entre los participantes no serán selectivos, sino indiferenciados: amaré a todos con el mismo amor y no destacaré a nadie en particular, todos tendrán el mismo espacio en mi corazón. Para favorecer el amor indiferenciado, existen ciertas variantes del ejercicio propuesto. Los participantes, con los ojos cerrados o vendados, se mueven por separado por la sala, con paso y respiración zen; cuando encuentran a alguien, intercambian con él breves caricias, y después siguen a la búsqueda de otro compañero. Si un compañero trata de reconocer las personas que encuentra y con las que se relaciona, esto señalará que todavía se halla lejos del amor indiferenciado.

• *Sensibilidad hacia el género humano*. Si bien no nos cuesta nada acariciar y mimar a un gatito cualquier otro animal, en cambio puede resultarnos muy difícil acariciar, abrazar o intercambiar muestras de afecto con una persona: padre, madre, hermanos, hermanas, amigos o conocidos. El objeto de estos ejercicios es aumentar nuestra sensibilidad hacia los demás.

¡Neurosis, amor mío!

Uno de los problemas más graves del hombre moderno es la neurosis, que consiste en pensar una cosa y hacer otra.

Neurótico es el estudiante que quiere graduarse, pero lleva una vida desordenada en la que el estudio apenas tiene espacio. Neurótica es la chica que sale con un chico, pero sigue pensando en otro. Neurótica es la mujer que se lamenta de la vida que lleva con su marido, pero sigue viviendo con él, atendiéndolo y aguantando sus abusos. Neurótico es el marido que se lamenta continuamente de que su esposa es insoportable, pero se siente mal si no la tiene cerca. Neurótico es el empleado que reniega de su trabajo, pero jamás se le ocurriría abandonarlo. Neuróticos lo somos todos cuando perdemos el tiempo lamentándonos en lugar de buscar soluciones.

La gran ventaja de la neurosis, sin embargo, es esta: con ella podemos conciliar elecciones que, en un plano lógico, serían inconcebibles. La neurosis nos permite romper los vínculos de la coherencia, del miedo a la contradicción.

Podemos amar a nuestra pareja, su libertad y su autonomía, y en cambio ser celosos y posesivos; podemos desear a una persona y que, al mismo tiempo, esta nos active mecanismos de rechazo.

Estamos muy acostumbrados a esta clase de conductas, y es que en realidad queremos ser neuróticos, y nos dejamos llevar por la neurosis. Entre sus brazos sentimos que somos nosotros mismos, y enlazamos con nuestro pasado de manera coherente.

A menudo nos hace sufrir, desencadenando conflictos; pero estos son como los escarceos de los enamorados, que sirven para hacer más estimulantes las reconciliaciones.

Para aliviar el malestar de estas escaramuzas, que incluso pueden llegar a quitarnos el sueño y el apetito, hay un remedio universal: la queja. Se trata de otra forma de neurosis que nos permite sortear la toma de decisiones que se nos antojan peligrosas. Y de hecho lo son, puesto que las decisiones implican elecciones y las elecciones hacen aparecer los conflictos. El lamento mima nuestro malestar, le da valor y coraje y mantiene alta nuestra autoestima, puesto que nos permite sentirnos víctimas de situaciones creadas y mantenidas por los demás, contra nuestra voluntad.

Estos comportamientos, que pueden parecer normales, han sido motivados en realidad por la naturaleza para asegurar la supervivencia. Sin neurosis, el hombre moderno se dirigiría hacia su extinción.

Teniendo en cuenta estas dos premisas: debo ser yo mismo, o debo ser como la sociedad quiere que sea, la neurosis estalla como una consecuencia lógica.

La exigencia de salvaguardar nuestra identidad y la exigencia de nuestra integración social son fundamentales. ¿Cómo se explica, entonces, el hecho de que el neurótico se sienta mal, sufra y desee superar su propio malestar? Si la neurosis es un comportamiento natural, ¿no debería procurarnos placer?

La neurosis, sin duda, está provocada por la naturaleza, pero como remedio provisional, para evitar males mayores. La propia naturaleza, sin embargo, no renuncia nunca a señalarnos la meta óptima y lo hace mediante el dolor y el malestar.

La neurosis no es jamás la solución a un problema, sino un intento de superarlo, respetando totalmente nuestros conflictos internos. Representa, pues, una fase transitoria, aunque necesaria, en nuestro proceso evolutivo.

Si me duele una rodilla, la naturaleza me insinúa que camine cojeando; pero esta forma de caminar es provisional, me crea malestar y me induce a curarme la rodilla, porque la naturaleza sigue estimulándome hacia la forma de andar natural.

Para escapar de situaciones provisionales (neuróticas, distónicas, conflictivas y comprometidas), así como para llegar a una solución definitiva y armónica que pueda reconciliar la exigencia de nuestra identidad con la integración social, hay varios caminos. El que propone la biorrítmica parte de dos principios básicos.

1. A cada neurosis mental le corresponde una neurosis muscular.
2. La mente y el cuerpo son dos vasos comunicantes: si actuamos sobre uno, actuamos también sobre el otro.

Todas las neurosis conllevan una contradicción que se manifiesta corporalmente. El músculo se endurece aunque quiera estar relajado, porque la mente siente miedo aun mostrando valentía. La columna vertebral se curva a pesar de querer estar recta, porque nuestra mente actúa con ánimo servil cuando quiere mostrar dignidad y dominio.

A cada postura le corresponde un estado de ánimo preciso. A cada modificación postural le corresponde un cambio en el estado emotivo.

La biorrítmica parte del trabajo corporal, utilizando también los sonidos vocálicos para mejorar la postura y aumentar la armonía mental.

Las vocales

Las vocales son los primeros sonidos de la humanidad. Son sonidos potentes: surgen del cuerpo, las suscitan las emociones y las dirigen los pensamientos.

A lo largo de la historia, la humanidad las ha usado para distintas finalidades:

— evocar sucesos pasados;
— apelar a realidades lejanas;
— suscitar emociones específicas;
— provocar cambios físicos y mentales;
— elevarse hacia lo sagrado y hacia la espiritualidad;
— comunicar y expresar a los demás los propios sentimientos.

Científicamente, las vocales son emisiones de sonido de intensidad, amplitud y frecuencia variables. La lengua española tiene cinco: a, e, i, o, u.

Hay que tener en cuenta que no hay un límite claro entre una y otra vocal: el espacio entre ellas puede estar ocupado por una larga serie de efectos acústicos.

Por motivos de claridad y concisión, nos ocuparemos sólo de los cinco sonidos vocálicos que mayor presencia tie nen en la lengua española. Estos integran las cinco etapas evolutivas del hombre.

No nos detendremos en las consonantes porque, a pesar de tener una gran importancia en la estructuración del lenguaje verbal, están comprendidas en las vibraciones aperiódicas y, por tanto, son arrítmicas. El interés de la biorrítmica se dirige, por el contrario, a las vibraciones periódicas y, en consecuencia, rítmicas, como lo son precisamente las vocales.

En la emisión de un sonido vocálico, la columna de aire, que sube desde los pulmones hasta la boca, no encuentra obstáculos que la pueden comprimir o cerrar, como sucede con las consonantes. Fluye de manera suave, adaptándose a las diferentes posturas que puede adoptar la cavidad de la faringe en cada ocasión.

Las variaciones que atañen a las cuerdas vocales, la lengua y la cavidad oral se ven afectadas por la carga emotiva que evoca cada una de las vocales. Su fuerza, su resonancia y su «colorido» son el resultado sinérgico de tres cerebros: el reptiliano (instintos), el mamífero (emociones) y el racional (pensamiento).

Las inflexiones vocales, al implicar la totalidad de nuestro ser, representan una de las manifestaciones del lenguaje corporal (no verbal) más intensas y reveladoras que existen.

Puede ser fácil controlar los músculos faciales y obligarles a dibujar una sonrisa forzada. Por el contrario, es muy difícil controlar el «colorido» de nuestras vocales. Estas son refractarias a los controles racionales. Al tratarse de fluctuaciones emotivas muy sensibles, su pronunciación puede cambiar no sólo de región a región, sino incluso de individuo a individuo.

La modulación de una vocal y su fluctuación emotiva se encuentran, pues, tan íntimamente ligadas que, al modificar una, se modifica también la otra.

Este principio se encuentra también en la base de la sonoterapia.

Los sonidos (sonoterapia y musicoterapia) y los colores (cromoterapia) son vibraciones que nacen en el exterior del organismo; a continuación lo alcanzan y penetran en su interior, provocando cambios en el estado emocional y, por tanto, en la personalidad del individuo.

Las vocalizaciones, el canto, el canturreo y la pronunciación de las vocales, por su parte, nacen y producen vibraciones en el interior del organismo, y desde él se proyectan hacia afuera. En este caso, el individuo no es un receptor pasivo, sino un operador activo de su propia transformación.

Consideremos ahora que el efecto provocado por cada vocal es específico, es decir, se encuentra en relación con un aspecto concreto de la personalidad de la persona. De hecho, detrás de cada vocal hay un pensamiento, una emoción y una sensación corporal. Las vocales tienen su raíz en el cuerpo, en un órgano concreto o en un aparato; desde ellos suscitan energías específicas. Hay incluso personas que pueden estallar en lágrimas al pronunciar una vocal durante cierto tiempo, y al revés, sus ojos pueden brillar de alegría mientras hacen resonar otra distinta.

Es importante subrayar que el potencial energético que suscita cada vocal es específico y selectivo, aunque, evidentemente, provoca una resonancia general. Partamos del principio de que cada vocal posee el mismo significado para todos los hombres, puesto que ha nacido para expresar una misma emoción. El hecho de que ante un mismo sonido vocálico se puedan manifestar reacciones diferentes e incluso opuestas depende del estado emocional de la persona y constituye su medida más fiable.

Lo mismo ocurre también con los colores: considerar el rojo como agradable o desagradable constituye la medida de nuestro deseo de luchar. Así como al percibir la vocal «u» como luminosa y agradable, o bien triste y angustiosa, constituye la medida de nuestra forma de vivir la sexualidad.

Está claro, por tanto, que la emoción agradable o desagradable que puede suscitar el sonido de una vocal habla de nosotros, de nuestros problemas, de nuestras capacidades y de nuestros límites.

Siguiendo las normas que se describen a continuación, podremos usar las vocales para modificar los aspectos negativos de nuestra personalidad así como para reforzar los comportamientos que nos resulten más oportunos.

Por lo que respecta a los efectos, podemos establecer las siguientes consideraciones. Lo positivo, es decir, la mejora, es la fuente de todo y el objetivo por el que se emite la energía vocálica.

Pero para llegar hasta ese punto debemos antes partir desde abajo: los aspectos negativos, nuestros errores, están también presentes y afectan a las acciones de cada día, forman parte de la experiencia común de todos los hombres y constituyen una buena base de reflexión y de aprendizaje. Es importante conocerlos y superarlos. Las personas que dicen tener miles de defectos, pero que no logran hablar con cierta convicción ni de uno solo, han interrumpido su proceso evolutivo y sus progresos son meras ilusiones.

Lo positivo necesita de lo negativo para poderse afirmar, como el día necesita de la noche. Por ello, el ejercicio de las vocales actúa siempre en dos direcciones: permite la maduración de una capacidad (aumenta lo positivo) y elimina un límite (disminuye lo negativo).

El campo de acción de las vocales parte, claro está, de los factores físicos y corporales de cada persona, para extenderse hacia los emotivos y morales, hasta llegar a implicar a toda la espiritualidad y el misterio de lo sagrado.

Con sinergia

Es la regla fundamental para emitir un sonido que posea un valor evolutivo. Sinergia significa «colaboración»: esta implica la intervención de varios elementos para llegar a un mismo fin.

Para la producción de un sonido se debe usar un procedimiento que se corresponde con el que empleamos para su aprendizaje: la sinestesia. Esto quiere decir que un sonido no llega jamás por sí mismo, sino que viene acompañado de varias modalidades sensoriales más que constituyen su contexto y le dan sentido y valor.

Por lo tanto, todo el organismo biopsíquico debe participar en la producción de una emisión vocálica, según las modalidades específicas que exige cada sonido.

Todos los ejercicios que se proponen para cada uno de los sonidos vocálicos prevén procedimientos sinérgicos, de modo que el sonido no sólo sea expresado, sino también integrado en el organismo con finalidades evolutivas y terapéuticas.

La vocal «o»

Efecto moral

Afirma:	**vitalidad**
	optimismo
Niega:	**cobardía-temeridad**
	depresión-exaltación

Efecto físico

Reporta beneficios a los pies, los tobillos, las rodillas, la articulación coxofemoral, el tejido óseo desde la cavidad craneana hasta los dientes y desde la columna vertebral a las articulaciones óseas de los pies. Además, se benefician el intestino grueso y las glándulas suprarrenales.

Significado

La vocal «o» alimenta los instintos, que son el mejor camino y la guía que nos acompañan en nuestra evolución. El instinto primario es el de la supervivencia, es decir, el de la conservación del individuo. Este es la fuente de todos los demás y está bien representado gráficamente por la vocal «o», formada por una línea curva cerrada, que todo lo contiene. Si esta línea se abre, genera la representación del segundo instinto fundamental: la «u», o de la propagación de la especie.

La «o» es el círculo, el origen, el caos del que todo se deriva, incluso el orden. En ella, todos los opuestos (lo alto y lo bajo, lo masculino y lo femenino, el día y la noche, el instinto y la razón, etc.) conviven en una fusión perfecta. Es la fuerza primordial, la madre uroboros poderosa que todo lo crea y todo lo transforma. Pensemos en el uroboros jungiano: la serpiente que se muerde la cola funde el principio masculino (la serpiente) con el femenino (el círculo). Es el espíritu vital, la fuerza de la supervivencia, el amor reconcentrado sobre sí mismo que se propaga de manera indiferenciada hacia todas las criaturas.

El primer contacto del niño recién nacido con el mundo está representado por un seno dulce, suave, redondo y lleno de sabrosa leche. La «o» evoca, precisamente, formas curvilíneas y redondeadas. Además, alude al concepto «esférico» que solemos atribuir al mundo.

También en la emisión del sonido se produce lo mismo: mientras que al emitir el sonido «u» la boca se alarga, al emitir el sonido «o» la boca se redondea.

La redondez alude a la imagen que tenemos de los esfínteres que garantizan nuestra supervivencia, poniendo en contacto la comunicación oral con la anal.

Así, podemos observar cómo los opuestos están en relación entre sí: un acceso de tos (proyección del aire hacia fuera), que afecta a la cavidad faríngea, provoca una protrusión (proyección hacia fuera) de la musculatura anal.

La «o» despierta las energías del cerebro reptil, que tiene su sede en el médula espinal, la parte más baja del cerebro.

En la India, esta misma energía recibe el nombre de *Kundalini*, o bien «la fuerza de la serpiente», y se cree que reside en la parte más baja de la espina dorsal, donde se encuentra la fuerza primordial que se expresa con la «o». De ahí, va subiendo y despertando los diversos chakras hasta alcanzar el de la iluminación.

Ejercicios

CAÑA AL VIENTO

Estamos en posición erguida, con la columna vertebral perfectamente extendida. Podemos imaginar que somos una caña al viento que se mueve hacia delante y hacia atrás, hacia la derecha y hacia la izquierda y después de forma rotatoria. La columna vertebral debe permanecer en todo momento erguida, aunque relajada.

A la vez que oscilamos, inspiraremos inclinándonos hacia delante y espiraremos emitiendo el sonido «o» a la vez que nos inclinamos hacia atrás. Haremos lo mismo hacia la derecha y la izquierda. Durante la rotación, podemos imaginarnos que dibujamos con la cabeza un círculo en el techo: inspiraremos dibujando un primer círculo y espiraremos emitiendo la «o», mientras dibujamos un segundo círculo, y así continuaremos con los demás movimientos.

En pareja. Los dos compañeros deben permanecer en contacto por la nuca, los hombros, los glúteos y los talones, cogiéndose de las manos (fig. 22). Los movimientos son los mismos, aunque deben realizarse al mismo ritmo; incluso

22

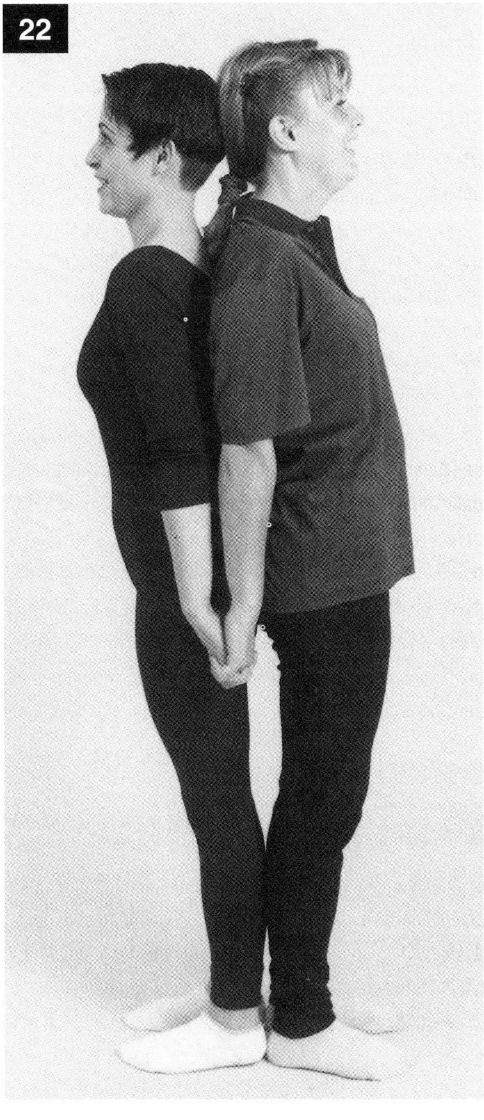

la emisión del sonido tiene que ser al unísono. En todos los ejercicios ejecutados en pareja, la sintonía prevalece sobre cualquier otra consideración.

En grupo. Se formará un círculo, cogidos de las manos. Los movimientos serán los mismos, aunque también en este caso deben realizarse todos a un tiempo: el grupo se moverá como un solo hombre.

RESORTE

Caminamos lentamente, apoyando todo el peso del cuerpo sobre un talón; doblamos la rodilla y la volvemos a estirar como si fuera un resorte.

El sonido «o» debe emitirse cuando un talón (por ejemplo, el derecho) toque el suelo. Cuando el otro talón toque el suelo, inspiraremos profundamente También puede hacerse sobre ambos talones: es más divertido, aunque menos profundo.

Este ejercicio puede realizarse **en pareja**, cogidos de la mano, o **en grupo**. En este último caso, nos dispondremos en círculo y nos cogeremos de la mano. Daremos un paso al frente, de modo que el pie sobre el que se emite el sonido sea siempre el mismo, mientras que el otro se adelanta y se retrasa alternativamente. A continuación, invertimos el movimiento.

DOBLE RESORTE

Caminamos apoyando todo el peso del cuerpo sobre un talón; doblaremos la rodilla de la pierna en cuestión, la volveremos a estirar, la doblaremos de nuevo y la estiraremos otra vez. Si este movimiento se ejecuta con ritmo y con gracia, y no de forma mecánica, obtendremos un agradable movimiento de resorte, muy parecido a un paso de danza. El pie que no sostiene el peso apenas se apoya en el suelo con la parte anterior. La emisión del sonido se produce en dos tiempos, «ho-ho», durante el movimiento de resorte sobre un solo talón. Durante el movimiento sobre el otro talón, por el contrario, haremos una inspiración «h-h».

Podemos hacer lo mismo **en pareja**, cogidos de la mano y actuando con movimientos sincrónicos, así como **en grupo**. En este caso, nos dispondremos en círculo cogidos de la mano, y se realiza el ejercicio de la misma forma, aunque cada cual permanece en su sitio. Hay que sincronizarse con todo el grupo y prestar atención a la articulación coxofemoral.

RANA

Nos doblaremos completamente sobre las rodillas, hasta que los glúteos casi toquen los talones, y posaremos las palmas de las manos en el suelo (fig. 23).

23.

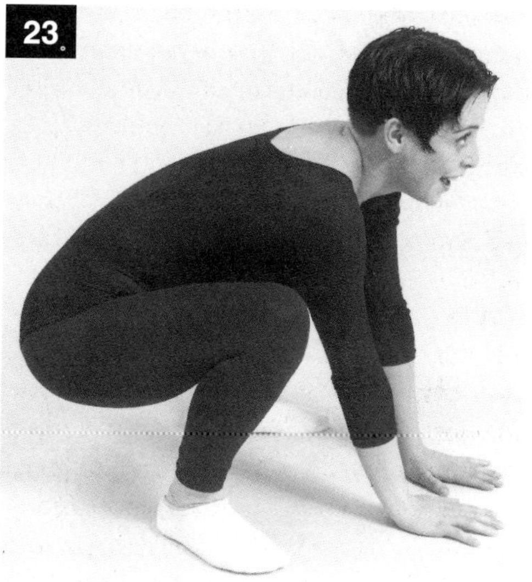

Ahora, iremos saltando como hacen las ranas. Durante el salto hacia delante, espiraremos mientras emitimos el sonido «o». Este ejercicio debe realizarse durante muy pocos minutos, y sólo aquellos que posean una buena elasticidad corporal. Se desaconseja a personas ancianas y a quienes sufran problemas en las articulaciones de los tobillos, rodillas y caderas.

Se puede practicar también **en grupo**: en un mismo espacio, todos los participantes saltarán como ranas cruzándose las miradas, pero tratando de no tocarse en ningún momento.

GATEAR COMO BEBÉS

Nos pondremos en posición cuadrúpeda, con las plantas de los pies y las palmas de las manos apoyadas en el suelo. La emisión del sonido vocálico se produce en tres tiempos, «oh, oh, oh», y empieza siempre sobre la mano derecha, que se adelanta en primer lugar.

La inspiración siguiente es «h-h-h» y empieza siempre sobre la mano izquierda, que es la que se adelanta. Se puede practicar **en grupo**, con las mismas modalidades descritas para el ejercicio de «rana».

MARCHA

Se camina levantando mucho las rodillas, manteniendo la columna vertebral perfectamente erguida y golpeando con fuerza los talones en el suelo. Se emite el sonido «o» a cada sacudida, o bien de forma alterna, si queremos obtener una respiración más profunda. Los brazos seguirán el movimiento que les resulte más natural.

Este ejercicio se puede realizar también **en pareja**, cogidos de la mano.

SERPIENTE

Nos estiramos en el suelo, boca abajo, para arrastran por el suelo (fig. 24). Haremos palanca sobre una pierna con la rodilla doblada y empujaremos después hacia delante el brazo opuesto. A continuación, haremos lo mismo con la otra parte del cuerpo. Cada vez que avancemos, emitiremos alternativamente los sonidos «oh» y «ss», sibilando como una serpiente.

Se sabe que la «o» recuerda el uroboros y la *kundalini*. El uroboros es la serpiente que se muerde la cola, *kundalini* es «la fuerza de la serpiente» que se expresa en la «o», el sonido del primer chakra.

24

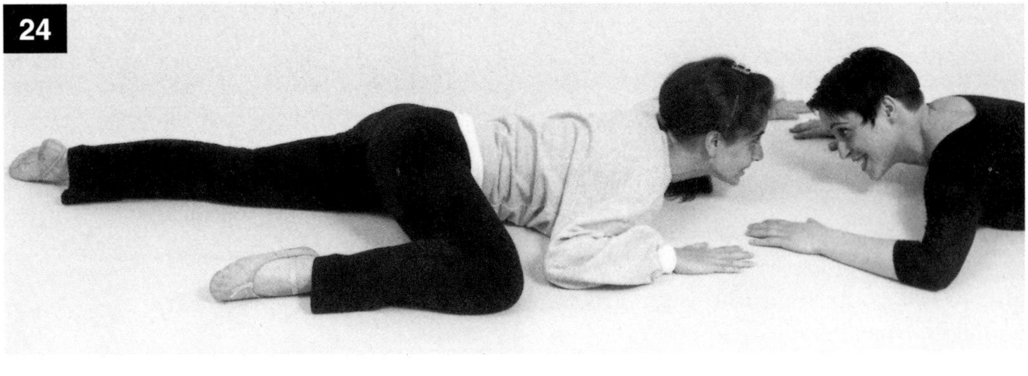

Se puede realizar **en pareja**: arrastrándonos libremente, nos acercamos y alejamos el uno del otro. Cuando nos encontramos con el compañero, lo miramos a los ojos y emitimos alternativamente el sonido «ohhh», con tono afectuoso, y el sibilante «sss», con tono amenazante. Aun así, es preferible la ejecución del ejercicio **en grupo**. Las modalidades son las mismas, aunque el encuentro se produce con más compañeros.

PATADA

Caminamos llevando todo el peso sobre un talón; con el otro pie, pateamos hacia delante dos veces y la tercera se golpea en el suelo. Haremos lo mismo con el otro pie. La emisión del sonido es, tanto sobre un pie como sobre el otro: «o-o-o», «o-o-o». Se puede practicar **en pareja**, cogidos de la mano y sincronizados.

Advertencias

• *Gradación.* No debemos forzar bajo ningún concepto nuestro cuerpo excesivamente.

• *Escucha.* Escucharemos atentamente y de forma relajada todo lo que se produce en nuestro organismo biopsíquico y lo regularemos en función de las necesidades.

• *Integración.* Trataremos de contagiarnos del estado de ánimo que sugiere el ejercicio, apropiándonos de él hasta que nos resulte habitual.

• *Puesta en común.* Al final, siempre es conveniente compartir con los demás lo que hemos sentido. Si estamos solos, podemos detenernos a reflexionar o escribir todo lo que nos ha ocurrido o hemos experimentado.

La vocal «u»

Efecto moral

Afirma:	**sexualidad** **optimismo**
Niega:	**sexofobia-sexomanía** **depresión-delirio**

Efecto físico

Reporta beneficios en los genitales internos y externos (útero, ovarios, vagina, testículos, pene), los intestinos, los riñones, la próstata, la vejiga, el sistema circulatorio sanguíneo y linfático, y las vértebras sacras.

Significado

La vocal «u» alimenta las sensaciones, que son informaciones procedentes de los cinco sentidos externos y de los internos. Estimula la agudeza sensorial, abre la puerta a la sensibilidad, al placer de ver, de escuchar, de oler, de degustar y de tocar. Potencia el principio del placer, que es el hilo conductor de todas las acciones humanas.

La «u» es el útero, la sede de la creatividad por excelencia; aquí, el individuo, preservado en su supervivencia gracias a la individualista «o», piensa en multiplicarse y en propagar su propia especie.

Observemos la forma de la «u» y pensemos en el adjetivo latino *uter*, que significa «¿cuál de los dos?». Por tanto, ¿cuál de los dos simbolismos está representado por la «u»? Al considerar la parte cóncava (la apertura y el vacío) nuestra mente sin duda piensa en símbolos femeninos; si, por el contrario, observamos la parte convexa (alargada y tubular), pensamos en símbolos masculinos. La palabra latina *uterque* significa «el uno y el otro», «ambos»: este es el significado más acusado de la «u». De hecho, esta introduce en el mundo el principio de la dualidad, de la búsqueda de un compañero, la necesidad de socialización.

Para pronunciar la «u», tenemos que empujar los labios hacia fuera, como si nos dispusiéramos a besar a alguien. Esta protrusión de los labios implica aproximación, búsqueda del contacto. Y esto es también lo que se produce en los preámbulos de la sexualidad: turgencia, erección, exteriorización, aproximación y contacto.

En la historia de los instintos, el de la sexualidad es sin duda el más inquieto. También entre las vocales, la «u» posee la historia más tormentosa: en las lenguas clásicas, como el griego y el latín, así como en las lenguas modernas europeas, el sonido de la «u» está sujeto a constantes invasiones por parte de la «i».

Para defender la pureza del sonido «u», los franceses se han visto obligados a recurrir al diptongo «ou», pues de lo contrario la mitad de la «u» se vería incluida en el sonido de la «i». Los griegos ya habían utilizado el mismo procedimiento, hace más de dos mil años, para garantizar el sonido estable de la «u». Los latinos, por el contrario, fueron bastante menos cuidadosos y la «i» acabó sustituyendo en muchas ocasiones a la «u».

Analicemos las palabras *optumus* y *satura*, del latín clásico: en latín vulgar, se transformaron en *optimus* y *satira*. Por otro lado, es sorprendente comprobar que la «u» tuvo que librar batalla durante mucho tiempo contra varias consonantes. De hecho, desde el final del Imperio romano hasta el siglo XIX, se siguió escribiendo el sonido de la «u» con la angulosa, racional y geométrica «v» (que expresaba, además, el número romano cinco), creando constantes confusiones. Por su parte, en español la «u» es la última de las vocales, la quinta.

Sólo en época reciente se ha logrado superar este pudor: en la actualidad, los diccionarios ya le han perdido el miedo a la «u» en la forma redondeada, sinuosa y sensual que le es propia.

A menudo se puede leer que la «u» es una vocal lúgubre, nocturna y terrorífica. Esta es una interpretación natural: la sexualidad siempre ha creado miedo, siempre ha sido practicada a escondidas, de noche, lejos de las miradas indiscretas. El motivo reside en el hecho de que la sexualidad posee una carga explosiva y revolucionaria: produce cambios y altera el orden establecido.

El hombre y la mujer se separan de sus familias para formar una propia. Se desembarazan de viejos equilibrios para constituir otros nuevos: es la ley del cambio.

Los conservadores de todos los tiempos siempre han afirmado: «Primero el deber y después, el placer». En la práctica, ponen el placer, que es un principio natural y originario, bajo el dominio del deber, que es un principio mental, construido por el hombre y desconocido en el mundo animal y vegetal.

Todas las neurosis están asociadas al principio del deber y todas oprimen, inhiben y bloquean el principio del placer.

El sonido de la «u» es fundamental para provocar el cambio, para alcanzar una armonía completa, para restablecer la comunicación entre el cuerpo y la mente.

Además, desarrolla una fina sensibilidad, que popularmente recibe el nombre de «sexto sentido». Es la capacidad de intuir los deseos, sentimientos, emociones y pensamientos de las personas, antes de expresarlos.

Muchas madres poseen esta fina sensibilidad en las relaciones con sus hijos. Esta puede desarrollarse como fuente complementaria de información, puesto que se alimenta del afecto y de todas sus manifestaciones, ya sean mimos, caricias, contactos, masajes, abrazos o sonrisas. Estos contactos estimulan sensiblemente el sistema límbico-hipotalámico del cerebro y favorecen la producción de hormonas y otras sustancias beneficiosas para un desarrollo armónico de la sexualidad, entendida como un conjunto integrado por reacciones corporales, emotivas y espirituales.

La «u» introduce la dualidad en nuestra forma de actuar. Su acción se desarrolla siempre entre dos polos: masculino y femenino, yo y tú, nosotros y los demás.

El contacto corporal, que se encuentra en sinergia con la «u», se desarrolla siempre en el seno de una instancia de pareja. Esta distinción entre «lo mío» y «lo tuyo» es necesaria por razones de claridad y eficiencia operativa. De hecho, hay quien tiende a apropiarse de las exigencias ajenas y se comporta como víctima o como enfermero, perjudicándose a sí mismo e impidiendo que los demás crezcan, o bien quien tiende a atribuir a los demás sus propias exigencias y se comporta como un tirano, un dictador impidiendo el diálogo y la evolución propia y ajena.

Ejercicios

RODILLAS SEPARADAS

Tumbados en posición supina con la espalda sobre la alfombra. Uniremos las plantas de los pies, acercándolas a los glúteos, y después las separaremos emitiendo el sonido de la «u»; las recogeremos inspirando. Seguiremos así durante unos minutos.

Puede realizarse este ejercicio también **en pareja**. Nos tumbaremos sobre la espalda, de forma que tengamos las piernas entrelazadas con las del compañero a la altura de las rodillas (fig. 25).

En la misma posición, repetiremos el ejercicio con nuestro compañero.

OSCILACIÓN DE LA PELVIS

Nos tumbaremos sobre la espalda, con las rodillas dobladas y unidas. Ahora, haremos oscilar hacia arriba y hacia abajo la pelvis, de forma que el tiempo de oscilación ocupe el espacio de una respiración. Inspiraremos presionando el hueso sacro sobre la alfombra, haciendo bajar el hueso púbico e hinchando el abdomen; a continuación, espiraremos separando el hueso sacro de la alfombra, haciendo subir el hueso púbico y deshinchando el abdomen, mientras emitimos el sonido «uhhh». El ejercicio debe realizarse de forma natural, sin forzar.

Se puede practicar también **en pareja**: los compañeros se colocan en la misma posición, pero de forma que puedan tener las puntas de los pies debajo de los muslos del compañero. Las piernas entrelazadas. Los movimientos son los mismos, si bien se ejecutan sincronizadamente.

25

ROTACIÓN DE LA PELVIS

Nos colocaremos en posición erguida, con las rodillas relajadas, el peso del cuerpo sobre los talones y las manos en los costados. Giraremos lentamente la pelvis, describiendo un círculo: costado izquierdo, adelante, costado derecho, atrás. Procuraremos que, mientras la pelvis, los muslos y las rodillas giren, los pies, los hombros y la cabeza permanezcan quietos. Durante la primera rotación, inspiraremos; durante la segunda, espiraremos, emitiendo el sonido «u». Se puede practicar también **en pareja**: la posición y los movimientos son los mismos, aunque ejecutados con el compañero y con la nuca, los hombros y los glúteos en contacto con él. Las manos cogidas. Se trabaja en sintonía. Si se ejecuta el ejercicio **en grupo**, se forma un círculo alargado. Los movimientos son los mismos, aunque realizados por separado, sincronizados con los de los demás.

DESAFÍO

Se realiza **en grupo**. Los participantes se disponen en dos filas, A y B, una frente de la otra. La fila A está quieta, mientras que quienes pertenecen a la fila B, estrechados por los brazos de forma compacta, mueven la pelvis hacia delante emitiendo el sonido «u» y a continuación lo contraen hacia atrás inspirando. Transcurrido un minuto, la fila B da un paso al frente y repite el mismo movimiento, y así todo el rato hasta que las dos filas se toquen. En ese momento, la fila B retrocede de la misma manera, llega hasta el punto de partida y se para. Después, se invierte el procedimiento: la fila B se queda quieta y la fila A acomete el ejercicio.

• *Variante.* Las dos filas, A y B, proceden al unísono hasta encontrarse. Después, los participantes sueltan los brazos de sus compañeros y colocan las manos sobre los hombros del compañero de la línea de enfrente. En esta posición, se deberá mirar al compañero a los ojos, mientras se inspira y se estira la pelvis hacia atrás; después, bajamos la mirada, inclinamos ligeramente la cabeza y emitimos el sonido «u», mientras la pelvis recupera su posición de reposo.

LLUVIA DE CARICIAS

En grupo. El grupo se divide en varios grupos más pequeños, de tres o cinco personas. Una de ellas se coloca en el centro y permanece en posición erguida, aunque relajada, con los ojos cerrados (fig. 26). Las otras se colocan a su alrededor y, empezando por el pelo y bajando hasta los pies, empiezan a acariciarla con delicadeza. Las personas que acarician son las que emiten el sonido «u», en sinergia con los movimientos. También se puede practicar este ejercicio con una música adecuada.

• *Primera variante.* Una persona tumbada de espaldas sobre la alfombra; todas las demás, arrodilladas a su lado y acariciándola dulcemente, susurrándole el sonido «hu-hu», que se emite como si fuera una nana. Una música adecuada puede ser de cierta ayuda.

• *Segunda variante.* Una persona tumbada de espaldas sobre una colchoneta.

26

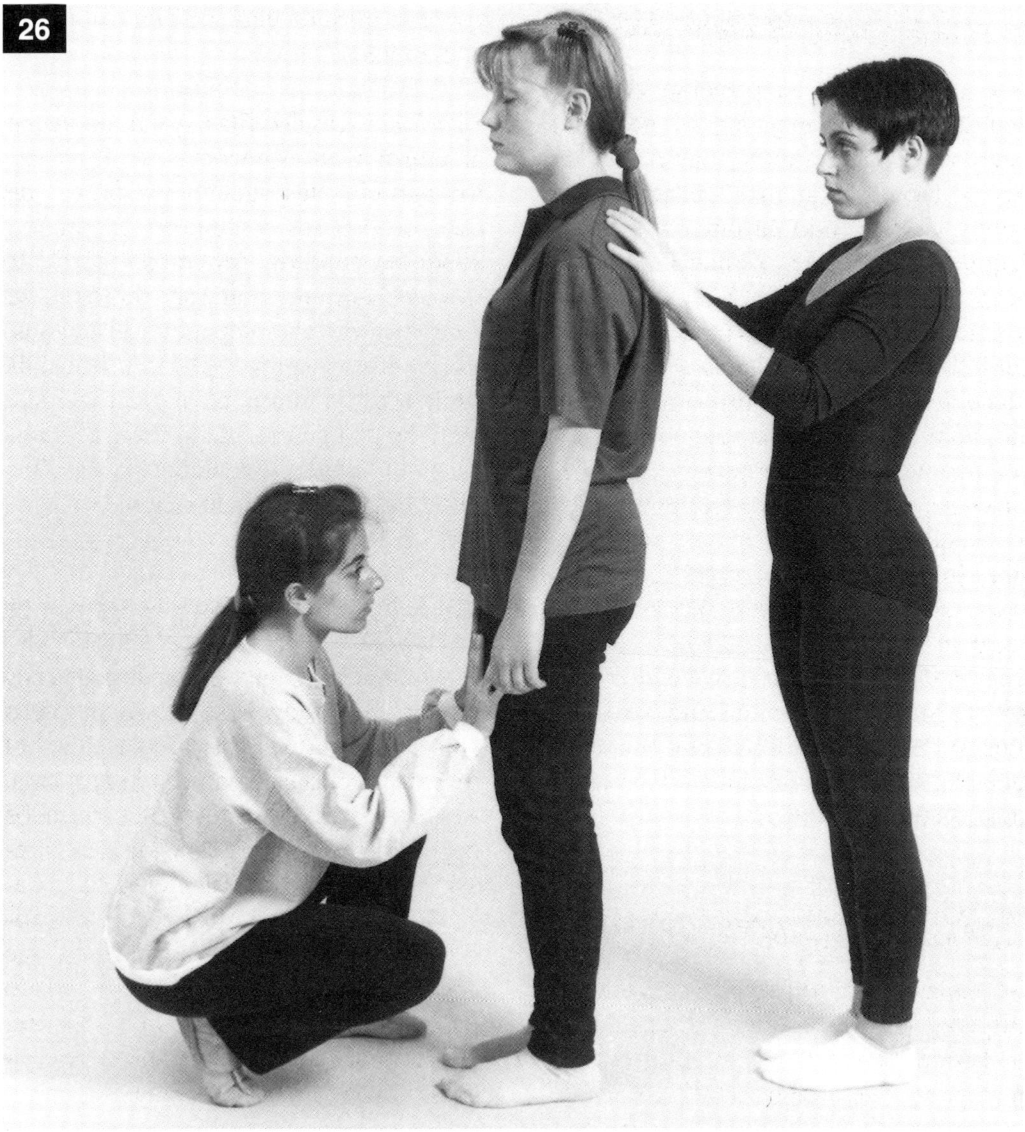

A ambos lados, el resto de participantes deberá arrodillarse de manera que se forme una especie de pasillo. Uno de los participantes deberá coger la colchoneta donde está tumbado su compañero por el extremo inferior y la arrastrará a lo largo del pasillo humano, al mismo tiempo que el grupo acaricia al compañero que se desliza por él.

BALANCÍN

En grupo. Una persona se tumba de espaldas sobre una alfombra. Todos los demás se colocan a su alrededor, la levantan hasta alcanzar la altura del pecho empiezan a balancearla hacia delante y hacia atrás, emitiendo el sonido «huhhuhuhhu», como una nana.

MATERNAL

En grupo. Cada participante elige un compañero para hacer el ejercicio. Se establecen los papeles de madre e hijo. Quien interpreta el papel de madre, se sienta en el suelo, apoyada en la pared; y quien interpreta el de niño, se coloca de modo que pueda abrazar a la madre, apoyando la cabeza sobre su pecho, a la izquierda. Ahora, la madre empieza a acariciar y a mimar a su niño, susurrándole «hu-hu», como una nana.

Advertencias

- *Contacto.* En los ejercicios que prevén el contacto corporal, debemos prestar mucha atención tanto a nuestras sensaciones externas como a las internas. Tomemos consciencia de ellas y vivámoslas con toda la intensidad emotiva de la que seamos capaces.

- *Rotación.* En los ejercicios en los que hay varios papeles, estos deben intercambiarse, de manera que cada participante tenga oportunidad de sentir tanto las emociones de dar como de recibir.

- *Abrazarse.* Después de cada ejercicio que prevea un contacto corporal, es normal darse abrazos, que poseen un gran valor de apoyo y de confirmación de la seguridad mutua.

- *Principiantes.* Los ejercicios que prevén mimos, caricias, masajes, etc., ejercen un influjo benéfico sobre el sistema nervioso, endocrino y circulatorio, aunque muchos principiantes, sometidos todavía al poder de los prejuicios asociados a la sexofobia o a la sexomanía, pueden rehusarlos. Así pues, hay que ser muy cautos con ellos, asegurándose, antes de que sean admitidos, de que están preparados.

La vocal «a»

Efecto moral

Afirma:	voluntad ideales
Niega:	inhibición-violencia apatía-exaltación

Efecto físico

Reporta beneficios en el páncreas, las glándulas suprarrenales, el sistema digestivo (estómago e intestinos) y aleja el peligro de úlceras, diabetes e hipoglucemia.

Significado

La vocal «a» alimenta los sentimientos, que son las reacciones internas provocadas por las sensaciones. Estas estimulan y alimentan la voluntad. El sonido de esta vocal ayuda al individuo a vivir los sentimientos, a integrarlos y transformarlos activamente.

La «a» es sinónimo de voluntad y fuerza, es energía orientada hacia un fin.

Para pronunciar la «a», la boca se abre como en el acto de comer, de morder o de amenazar. Este sonido es la expresión de la fuerza interior orientada hacia la satisfacción de instintos básicos tales como la conservación del individuo (la «o») y de la especie (la «u»). En la articulación de la «a», la lengua deberá permanecer relajada y distendida, así como la cavidad faríngea. Se trata del correlato físico de lo que se produce psicológicamente: una fuerza que se alimenta con la calma, la serenidad y la tranquilidad. Este es también el sentido de un antiguo proverbio: «La calma es la virtud de los fuertes».

La carcajada visceral, abierta e intensa, se manifiesta con los sonidos «ja, ja, ja»; por el contrario, la mental, tímida y controlada, se manifiesta con los sonidos «ji, ji, ji».

La «a» despierta las energías primordiales del yo y ayuda a expresarlas abiertamente.

Esta vocal está asociada también con la respiración, porque para pronunciarla hay que movilizar una gran cantidad de aire. Al observar la forma de respirar de una persona, pueden comprenderse sus condiciones de salud: a una respiración profunda y amplia se corresponde una alta calidad de vida (los optimistas, los enamorados y los idealistas respiran de esta forma); a una respiración limitada, contenida y controlada, corresponde por el contrario una baja calidad de vida (así respiran los depresivos, los ansiosos y los obsesivos).

La «a» simboliza la felicidad, la grandiosidad y la majestuosidad. Lo que es majestuoso se asocia siempre a la calma, a la armonía y a la fuerza de la acción. Por ello, la voluntad, que se ve estimulada, no coincide con el deseo. En realidad, este es un movimiento del ánimo que se deriva de la movilización de energías inarmónicas o inadecuadas para alcanzar un objetivo determinado.

La energía suscitada por la «a» es como un fuego que transforma la voluntad en acción y la dirige de forma integrada, respetando todas las exigencias del organismo. Le son extraños, pues, los conceptos de guerra, de lucha y de combate, ya que estos conducen a una lógica de división, contraposición, control, inhibición, violencia, apatía y exaltación que alteran la armonía de la acción.

No se combate contra nadie, sino que se afirma y se defiende el propio yo mediante el pleno reconocimiento de los derechos ajenos.

Las distintas polaridades (masculino-femenino, mío-tuyo, etc.) no se interpretan como realidades contrapuestas, sino complementarias, necesarias y funcionales para una acción integrada.

De este modo, es más fácil para el hombre saber a dónde quiere dirigirse: esto es fundamental para alcanzar un objetivo cualquiera. Dice el proverbio: «Si un hombre sabe a dónde quiere llegar, el mundo entero se aparta de su camino para dejarle pasar».

El efecto más revolucionario que produce la «a» es, de cualquier forma, la escucha y la valoración del sufrimiento propio y ajeno, que se considera entonces como la gasolina de la voluntad. La «a» nos enseña a escuchar el mensaje del dolor y a no acallarlo: si acercamos la mano al fuego sin darnos cuenta, la naturaleza nos hace apartarla mediante el sufrimiento, porque esta es su voz educativa.

Ejercicios

RESPIRACIÓN ABDOMINAL

Estamos en posición supina, con la espalda estirada sobre la alfombra. Respiraremos profundamente contrayendo el abdomen, a continuación se espira con fuerza mientras el abdomen vuelve a su postura natural y se emite el sonido «ah».

Este ejercicio se puede practicar también sentado, aunque en este caso hay que mantener la espalda y la cabeza perfectamente erguidas, con las piernas relajadas en ángulo recto, con las plantas de los pies apoyadas en el suelo y las manos sobre los muslos.

También se puede ejecutar en posición erecta, caminando. Cada vez que el talón toca el suelo, el vientre se proyecta hacia fuera mientras emitimos el sonido «ah». Al caminar, el abdomen no logrará sobresalir demasiado, sino que la musculatura del diafragma, que es la que nos interesa, se verá reforzada.

En pareja. Nos cogemos de la mano y caminamos haciendo los mismos movimientos, sincronizándonos con nuestro compañero.

En grupo. Se forma un gran círculo, con los participantes cogidos de la mano. Se dan dos pasos hacia delante y dos hacia atrás, caminando como se ha indicado más arriba y procurando actuar en sintonía.

CARRERA DE SALTOS DOBLES

La persona corre de forma suave y armoniosa, botando primero sobre un pie y después sobre el otro, y emitiendo el sonido «ah» en cada saltito.

El ejercicio puede practicarse **en pareja**, cogidos de la mano y sincronizados, o **en grupo**. En este último caso, necesitaremos mucho espacio. Cada cual saltará con plena libertad, al encuentro de los demás, mirándoles a los ojos y procurando no tocar a los compañeros ni estorbarles.

LEÑADOR

En posición erguida, con los pies separados, juntaremos las manos y las levantaremos hacia arriba. Haciendo una espiración enérgica, se emite el sonido «ahhhhh», mientras doblamos la espalda en arco y empujamos las manos con fuerza hacia la parte interior de los tobillos. Volviendo a la posición erguida, ha-

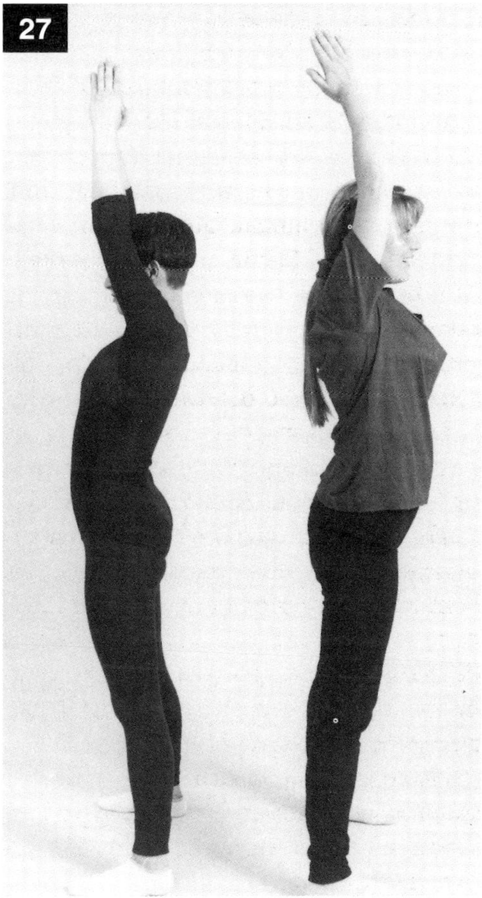

remos una respiración profunda y natural, y volveremos a empezar. Seguiremos así durante unos minutos.

Se puede realizar también **en pareja**. Nos colocamos de espaldas. Todo se desenvuelve de la misma forma, sólo que con las manos juntas. Cuando estas llegan a la altura de los tobillos, se abren las palmas hacia fuera para golpear las del compañero (figs. 27 y 28). Colocaremos los talones un poco separados, de forma que el contacto de los glúteos no provoque caídas.

Se puede practicar también **en grupo**: hacemos un gran círculo y se ejecuta como ya se ha descrito anteriormente, procurando mantener la sincronía.

PAVO REAL QUIETO

Nos colocaremos en posición erguida, los pies un poco separados, brazos estirados a lo largo del cuerpo, las palmas de las manos sobre las piernas. Permaneciendo quietos, hacemos una inspiración, separando los brazos del cuerpo unos centímetros. Paramos y espiramos, emitiendo el sonido «ah». Subimos ahora los brazos unos centímetros y emitimos de nuevo el sonido «ah». Seguimos así hasta que las manos se junten arriba. A continuación, las vamos bajando de la misma manera hasta que recuperemos la posición inicial.

Al practicarlo **en pareja**, nos colocaremos tocando la espalda del compañero. Las palmas de las manos ya no están sobre las piernas, sino en contacto con las palmas del compañero. Desde esta posición, empezamos a subir, como se ha dicho antes, de manera gradual. Al alcanzar la máxima altura, empezaremos a bajar.

Es importante mantener la sincronía tanto en los movimientos como en la emisión del sonido.

En grupo. Necesitaremos mucho espacio. Nos pondremos en círculo y cada uno realiza por su cuenta los movimientos descritos, sincronizándolos con los del grupo y con el sonido, el cual se emitirá al unísono.

PAVO REAL CAMINANDO

Adelantaremos un pie, levantando los brazos unos centímetros e inspirando. Adelantamos el otro pie, con los brazos quietos y emitiendo el sonido «ahhh». Seguiremos así hasta que los brazos, una vez hayan alcanzado el punto más alto, recuperen su posición inicial.

COLUMPIO SIMPLE

Nos sentaremos sobre una colchoneta con la espalda perfectamente erguida, las piernas estiradas hacia delante y los brazos levantados hacia el cielo, de manera que la prolongación de los brazos y de las piernas forme un ángulo recto.

Ahora, y manteniendo el mismo ángulo, desplazamos el pecho y los brazos hacia atrás; levantamos las piernas y empezamos a bascular hacia delante y hacia atrás, de forma que el único punto de apoyo sean los glúteos.

Nos inclinamos hacia atrás inspirando y volvemos hacia delante emitiendo el sonido «ah».

Se trata de un movimiento difícil, puesto que exige mucha práctica, pero produce un gran beneficio, ya que fortalece la musculatura abdominal.

29

COLUMPIO EN PAREJA

Resulta más fácil si nos sentamos sobre una colchoneta, uno frente a otro. Entrelazaremos las piernas a la vez que mantenemos las rodillas flexionadas y nos cogemos de las manos (fig. 29). Los brazos deberán estar perfectamente distendidos, los hombros relajados y todo el pecho caerá hacia atrás. Emitimos el sonido «ah», primero uno y luego otro, cuando el balanceo esté más adelantado y sincronizados alternativamente.

MARCHA DEL GUERRERO

Nos colocaremos en posición erguida, mirando al horizonte y las manos cerradas con el puño cerca del pecho.

En la marcha, las rodillas se levantan con fuerza hasta llegar prácticamente

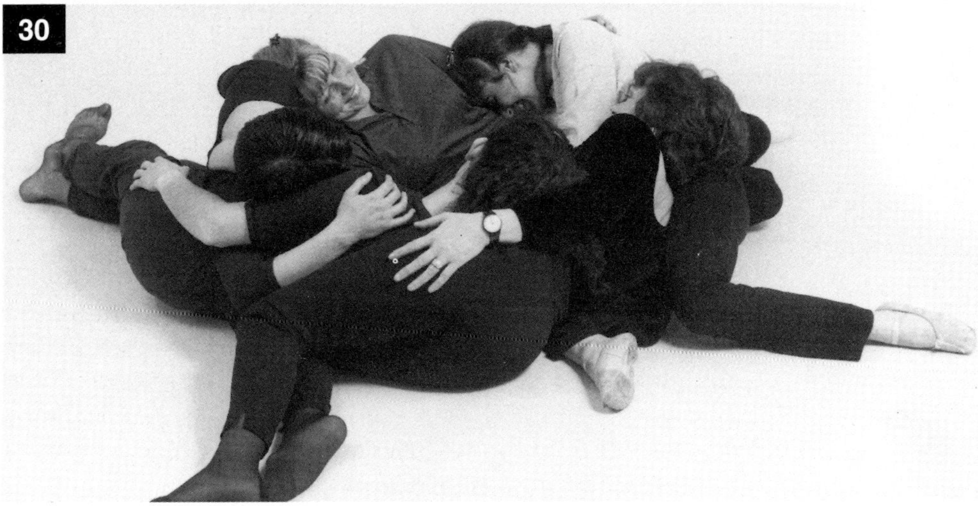

30

hasta el pecho, y los puños caen hacia delante en sinergia con las rodillas.

Emitimos el sonido «ah» con cada puñetazo hacia delante, el cual debe provenir del pecho, y no del vientre.

No se practica en pareja, pero puede realizarse **en grupo**. Colocados en dos filas separadas y opuestas, avanzamos de la forma descrita, de forma compacta y sincrónica, hasta llegar a una línea de encuentro, donde golpeamos por tres veces con el pie en el suelo y retrocedemos de la misma manera.

CÍRCULO DE RISAS

Se realiza **en grupo**. Nos colocamos en un círculo muy estrecho, sentados y tumbados uno sobre el otro, de modo que cada participante tenga la cabeza recostada sobre el estómago del otro (fig. 30).

Será más fácil adoptar esta disposición si cada uno coloca las piernas hacia el exterior del círculo y la cabeza hacia el interior, como un haz. Empieza entonces un participante a emitir una sonora carcajada sobre el estómago de su compañero, quien enseguida hace lo mismo con otro compañero. Seguiremos así hasta que la aceleración convierta a los sonidos por separado en una carcajada general y espontánea.

CARCAJADA

De pie, con las piernas separadas según la anchura de los hombros, realizamos varias respiraciones profundas.

En cuanto estemos preparados, empezaremos a emitir el sonido característico de la carcajada profunda y sin control. Mientras emitimos el sonido, nos inclinamos hacia delante y nos enderezamos durante la inspiración. La risa se volverá espontánea, y condicionará nuestros movimientos y la emisión del sonido.

Este ejercicio puede ejecutarse **en pareja**, uno frente al otro y tal como se ha descrito más arriba. Es preferible practicarlo **en grupo** ya que: se forma un círculo muy amplio, procurando que los participantes tengan a ambos lados espacio suficiente, y se procede como ya se ha descrito más arriba.

Advertencias

• *Abdomen.* Prestaremos en todo momento mucha atención al abdomen. Debemos escucharlo, dejarlo libre y seguirlo en todo momento. Los ejercicios previstos se realizarán integrando cada vez el movimiento del abdomen en la actitud postural del cuerpo. El efecto es positivo si el vientre puede «bailar» libremente sobre la pelvis, secundando los movimientos armónicos del cuerpo. Si se advierten contracturas o rigideces, aun involuntarias, en la musculatura abdominal, cambiaremos de posición corporal, hasta que recuperemos una oscilación abdominal satisfactoria.

• *Fuerza.* La actitud psicológica que debe presidir estos ejercicios se inspira en la idea de fuerza, potencia y voluntad. De este modo, cada uno de los movimientos deberá ejecutarse con decisión, seguridad y vigor. No hay por qué creer que la idea de fuerza se oponga a la de calma y a la escucha silenciosa de nuestras sensaciones, puesto que es sabido que la calma es la virtud de los fuertes.

La vocal «e»

Efecto moral

Afirma:	**afectos**
	amor
Niega:	**egoísmo-altruismo**
	indiferencia-obsesión

Efecto físico

Mejora la eficiencia de los pulmones y de la respiración, del corazón y de la circulación sanguínea, de las vértebras dorsales y de la articulación escapular-humeral, de los brazos y de las manos.

Significado

La vocal «e» alimenta las emociones, que son reacciones internas originadas por los sentimientos y traducidas en pensamientos. Podemos poner un ejemplo: si mi mirada se posa casualmente sobre una persona y esta me sonríe, experimento una sensación agradable de la que no soy responsable. Si la mirada se prolonga, dejaré de tener esa sensación para pasar a experimentar un sentimiento, que puede ser agradable o no serlo, pero que de todos modos todavía no es responsable. Si la persona insiste en mirarme y yo le respondo, sentiré una emoción, de la que sí soy responsable. En este momento se abre paso un pensamiento, que puede provocar el establecimiento de una comunicación mayor, hasta cristalizar en una relación, o bien interrumpirse en forma de rechazo.

Las emociones deben ser cultivadas, y no reprimidas, bloqueadas o inhibidas. Si se ven obstaculizadas en su desarrollo, pueden dar origen a falsas actitudes y a comportamientos distónicos que causan estrés, tensión, ansiedad y dan lugar a neurosis. La «e» se presenta como punto de unión entre dos mundos: la materia y el espíritu, la tierra que eleva sus ojos hacia el cielo y el cielo que baja la mirada hacia la tierra.

Este dualismo es equivalente al que se producía en la «u», aunque el fin de esta última era un objeto, un proyecto material: la propagación de la especie. Esta pulsión es necesaria y fundamental, pero todavía está ligada al elemento terrenal. En la «e», por el contrario, el fin no es un elemento terrenal, objeto o cosa, sino una relación: se ha producido un salto cualitativo. En pocas palabras, podríamos decir que ya no se trata de sexo, sino de amor.

Esta diferencia se proyecta también en la emisión del sonido vocálico. Para pronunciar la «u», debemos apretar los labios, proyectarlos hacia afuera y formar un vaso, un cilindro, un túnel. Para pronunciar la «e», por el contrario, tendremos que hacer el movimiento contrario: estirar los extremos de la boca, relajar los labios y alargar la lengua.

La sensación es la de una fuerza concéntrica y unificante: es como si el individuo activase un sistema defensivo y de afirmación, antes de abandonar su «yo separado» para emprender su rumbo hacia la unidad cósmica.

El dualismo del que ya se ha hablado se replantea entonces en los siguientes términos: seguridad en uno mismo y apertura hacia los demás. La «e» suscita la eliminación de las barreras internas (entre mente y cuerpo, voluntad y pensamiento, interés privado y común).

La consecuencia de esta orientación emotiva es la entrega. A partir de entonces, haremos el bien sólo por el placer interior que nos reporta, y no para obtener un beneficio o un reconocimiento. Así, los mimos, la afectuosidad y la atención hacia los demás no serán objeto de sino una clara y simple expresión de amor.

Es curioso apreciar que el corazón se halla en medio de los pulmones y que las acciones llenas de abnegación y amor son las que precisan un mayor volumen de aire. Los movimientos asociados al sonido «e» son los que permiten la apertura del corazón y utilizan al máximo la energía de la respiración.

Ejercicios

MARIPOSA

En posición erguida y con las manos en los costados, adelantamos un pie mientras inspiramos y adelantamos el otro mientras espiramos.

Al espirar, se emite el sonido «e». Con cada respiración, los codos empujan hacia atrás, al compás del paso y abriendo el pecho. Vuelven a la posición normal durante la inspiración.

En pareja. Dos compañeros se colocan frente a frente a cierta distancia y se van acercando lentamente, haciendo la mariposa y emitiendo el sonido «e». Cuando ya estén cerca, sueltan los brazos de los costados y se abrazan fraternalmente. Permanecerán así todo el tiempo que sea necesario. En cuanto uno haga el ademán de separarse, el otro también hará lo mismo. Volverán a ponerse las manos en los costados y retrocederán de la misma forma.

En grupo. Los participantes se diseminan por la sala, caminando y mirándose a los ojos. Cuando dos de ellos establezcan contacto visual, empezarán a acercarse y actuarán como en el ejercicio en pareja. Cuando se estén alejando, tras fundirse en el abrazo, bajarán la mirada retrocediendo unos pasos. A continuación, volverán a levantar la mirada, buscando un nuevo contacto visual y actuando como se ha descrito anteriormente. Seguirán así hasta que el guía dé la señal de pausa.

MOLINILLO

En posición erguida, con los pies separados a la misma distancia que los hombros y los brazos abiertos y relajados, y con las palmas de las manos orientadas hacia el suelo, realizaremos pequeñas torsiones con el pecho de izquierda a derecha, alternativamente.

El pecho y la cabeza giran al unísono, mientras los pies permanecen quietos en todo momento y perfectamente asentados en el suelo.

Las torsiones se vuelven cada vez más amplias, hasta que la persona logre ver el mismo punto detrás de la nuca girando tanto a la derecha como a la izquierda.

En ese momento, se empieza a reducir la amplitud de las torsiones antes de recuperar la posición inicial.

Cuando el pecho gira hacia un lado, se inspira, y cuando gira hacia el otro, se espira emitiendo el sonido vocálico «eh».

En pareja, separados. Dos compañeros se separan varios metros uno del otro y se dan la espalda. Empiezan a realizar las torsiones, como se ha descrito más arriba, procurando sincronizar sonidos y movimientos. Aumentarán la amplitud de las torsiones hasta lograr mirarse a los ojos al mismo tiempo (fig. 31). A continuación, disminuirán la amplitud hasta recuperar la posición inicial.

En pareja, juntos. Dos compañeros se colocan en posición erguida y se unen por la espalda, manteniendo los brazos abiertos y las manos cogidas.

Se empieza a girar lentamente, como se ha descrito antes, procurando sincronizar la emisión de la «eh». Una vez alcanzada la máxima amplitud, se vuelve gradualmente a la posición de partida.

31

ÁGUILA

En posición erguida y con los brazos abiertos a la misma anchura de los hombros, se camina balanceando los brazos a cada paso, hacia delante y hacia atrás alternativamente.

Mientras se llevan los brazos hacia atrás, se inspira; y mientras se llevan hacia delante, se expira emitiendo el sonido «eh». Se puede practicar también hacia atrás.

En pareja. En la misma posición. Dos compañeros se unen por la espalda, con los brazos abiertos y las manos cogidas. Deciden entonces caminar en una dirección, procurando sincronizar sus movimientos. El sonido de la «eh», por el contrario, se emite de forma alterna, siguiendo las espiraciones. Al llegar a cierto punto, empiezan a retroceder, de forma que se alternen al avanzar.

COLUMPIO

Posición erguida, manos en los costados y pies separados a la misma anchura de los hombros. Nos inclinamos hacia atrás al inspirar y, después, hacia delante al espirar, emitiendo el sonido «eh». El movimiento deberá ser muy suave y comunicará una agradable sensación de balanceo.

En pareja. Dos compañeros se colocan de pie, en contacto por la espalda, con los brazos entrelazados a la altura de los codos. Empiezan a balancearse inclinando la espalda hacia delante y hacia atrás, procurando sincronizar sus movimientos. El sonido de la «eh», por el contrario, se emitirá de manera alterna, de acuerdo con la espiración.

En grupo, unidos. Los participantes se cogen de la mano y forman un círculo. Después, realizan el ejercicio de columpio como si estuvieran solos, procurando sincronizar movimientos y emisión del sonido.

En grupo, separados. Se forman las parejas y se colocan en círculo. La posición, la emisión del sonido así como los movimientos son los mismos que en el ejercicio en pareja, aunque deberán realizarse en sintonía con el grupo.

Advertencias

• *Emociones*. Durante la ejecución de los ejercicios propuestos, hay que prestar atención en todo momento a las emociones que se vayan suscitando. El ejercicio se considerará realizado correctamente siempre y cuando el individuo no piense en las reacciones físicas y emotivas que está experimentando en su interior, sino que se ponga en disposición de sentirlas, de escucharlas, de ensimismarse con ellas y de vivirlas.

Lo que nos proponemos es adquirir el hábito de vivir de forma consciente una emoción, lo que es muy distinto de interpretarla, calibrarla o catalogarla. De ser posible, deberíamos recrear en nosotros la misma actitud con la que el niño de tres años mira el mundo: con estupor y encanto intacto. Además, hay que respetar las advertencias descritas sobre la gradación, la integración y la escucha.

La vocal «i»

Efecto moral

Afirma:	**comunicación**
	intuición
Niega:	**confusión-delirio**
	aislamiento-prepotencia

Efecto físico

Reporta beneficios en la cavidad faríngea, la tiroides y paratiroides, las vértebras cervicales, la cadena escapular, los músculos faciales, el oído y la vista, la actividad de la hipófisis y del hipotálamo, la cerebral y la del sistema nervioso en su conjunto.

Significado

La «i» alimenta la actividad mental en todas sus formas. Es la vocal más cerebral, más reciente y más controlada. Es la más atenta a las relaciones sociales, aunque también la más alta, espiritual y visionaria.

La responsabilidad, que no está presente en los instintos («o»), ni en las sensaciones («u»), ni en los sentimientos («a»), y que empieza a manifestarse en las emociones («e»), alcanza su máximo grado en la actividad de decidir dirigida por la mente.

Para pronunciar la «i» debemos estrechar la cavidad oral, colocar la lengua más adelantada, con la punta apoyada sobre los incisivos inferiores, elevar el dorso de la lengua hasta casi tocar el paladar y acercar los labios a los dientes.

Todo ello comporta muchas tensiones y controles, como se deduce de una vocal muy «civilizada».

Los niños pequeños, durante el balbuceo, emiten diversos sonidos vocálicos, aunque nunca el de la «i». Esta vocal es el último escalón de la sabiduría a la que puede llegar el hombre que habla. Tras ella, se abre el silencio. Este es el motivo por el que los grandes maestros religiosos, Cristo, Mahoma y Buda, no han dejado textos escritos. Si en la actualidad conservamos sus enseñanzas en forma de Sagradas Escrituras es gracias a la obra solícita de sus discípulos.

El pensamiento, la palabra y el silencio son los escalones de una escalera que conduce hasta las actividades mentales superiores: consciencia, iluminación y unión cósmica.

El punto de partida es el pensamiento: cuando este se expresa, se convierte en comunicación. Sin embargo, para que sea auténtica, además de palabra debe haber ritmo. Hay comunicación cuando la información que emite el hablante la recibe íntegramente el oyente. Parece fácil: todos hablamos, todos escuchamos y se tiene la impresión de que comprendemos, pero en realidad, no es así: la comunicación verbal es un proceso de expresión y de recepción en el que siempre se pierde algo y se añade también algo. Esta imprecisión no se debe a una mala voluntad por parte de los participantes en la comunicación, sino que es consustancial al simbolismo y al carácter convencional del lenguaje.

Observemos cuáles son las distintas fases de una comunicación verbal:

- una emoción busca materializarse en palabras;
- el pensamiento busca las palabras más adecuadas para manifestarlas al exterior y nunca lo consigue del todo, puesto que las emociones derivan de la naturaleza, mientras que las palabras son convenciones establecidas por el hombre. Pero el mensaje se emite, aunque sea con palabras inadecuadas. Ya en esta fase de transmisión, el contenido de la comunicación experimenta variaciones;
- el oyente recibe una serie de palabras y acomete la tarea de traducción para acceder al contenido emotivo subyacente;
- en la traducción, el contenido emotivo padece una serie de transformaciones en función del principio de placer: lo que nos gusta puede transmitirse tal y como es o puede verse transfigurado. Lo que no nos gusta, normalmente no puede transmitirse tal y como es, sino que se ve rechazado o transfigurado. Este proceso se produce en pocos segundos y es la causa de infinidad de conflictos que enfrentan a los hombres en cualquier campo: filosófico, político, religioso, científico, afectivo, etc.

Está claro que una verdad inaceptable para el inconsciente se verá siempre rechazada por la mente racional, que podrá recurrir a una gama infinita de paralogismos (falsos razonamientos) para demostrar que es infundada. Este mecanismo mental es general y la naturaleza así lo quiere para poder defender la supervivencia del individuo.

Es difícil imaginar cuánta sabiduría se cobija en la locura: afirmaciones del tipo «yo soy Napoleón», o bien «yo soy Cleopatra», confiere a una persona en dificultad existencial extrema un poderoso motivo para continuar viviendo.

Es inútil oponer argumentaciones lógicas y racionales para demostrar lo absurdo de estas afirmaciones: es perder el tiempo, porque la naturaleza promueve la supervivencia, al mismo tiempo que la lógica, las palabras y la coherencia son puras construcciones mentales y su valor se ve limitado en función de su respeto por la naturaleza.

Una comunicación racional es antinatural si no observa el ritmo biológico y rehúye transmitir informaciones que enriquezcan al receptor, sino que intenta convencerlo, seducirlo, obligarlo a hacer algo que va contra su voluntad.

Hay muchas formas de comunicación que no son más que puras y simples batallas, libradas con palabras y no con balas. El fin siempre es el mismo: doblegar y vencer al adversario.

Podemos decir que la pura y simple transmisión de informaciones, sin ritmo alguno, genera confusión y malestar en el oyente. Sin palabras, podemos comprender muchas cosas, pero si falta el ritmo nos resultará imposible. Un proverbio popular reza: «Habla con el corazón y te entenderán hasta los sordos».

La comunicación que no anticipa, ni presiona, ni confunde, ni ofende ni tampoco agrede al oyente, sino que se adapta a sus ritmos de aprendizaje se llama *empática*.

En la comunicación empática, emisor y receptor comparten unos mismos gestos, una misma disposición, e incluso tienden a hacer los mismos micromovimientos. Esto es así porque se encuentran en un mismo nivel emotivo. De hecho, empatía proviene del griego y significa «dentro de la emoción» (*en* = dentro, *pathos* = emoción).

En la comunicación empática no se producen errores de traducción, porque las informaciones se transmiten y reciben al mismo ritmo. Hay numerosas técnicas que enseñan a comunicarse empáticamente: toda la biorrítmica, por ejemplo, está concebida para lograr este propósito.

Educarse en el ritmo significa integrarse en el sistema. Para que pueda ser perfecta, esta integración debe ser doble:

— debe unir cada uno de los movimientos con el ritmo del sistema orgánico;
— debe unir el ritmo del organismo con el ritmo del cosmos.

Este es el significado profundo de la biorrítmica. El ritmo, entendido de este modo, se revela como una fuerza evolutiva de gran fuerza. Un ejemplo práctico puede ayudarnos a comprender esta idea. Si una persona se tuerce el tobillo al andar por un terreno accidentado, podrá hacer dos cosas: recuperar la funcionalidad corporal del pie o adaptar el cuerpo a caminar por un terreno accidentado. En caso contrario, no podrá superar su malestar de manera definitiva.

La ciencia médica y los ritos religiosos de todas las épocas siguen siempre esta doble orientación:

— recuperar la armonía entre las partes y la totalidad del sistema biopsíquico de la persona;
— recuperar la armonía del individuo con el cosmos.

El ritmo perfecto es doble, porque une el interior con el exterior, como la ola del mar, que se eleva hacia el cielo y luego se recoge sobre sí misma.

La naturaleza y el universo entero se mueven siguiendo un ritmo. Fuera del ritmo, sólo hay negación, muerte y destrucción; dentro del ritmo, hay afirmación, vida, éxtasis.

En la comunicación empática, quien habla se afirma a sí mismo, no adopta actitudes falsas y, al mismo tiempo, se adecua al oyente, a sus límites y capacidades.

Este modo de hablar se diferencia de la comunicación «simpática» mediante la que el oyente comparte todo lo que el hablante expresa: juicios, emociones y comportamientos. Con la comunicación empática, puede comprender, consolar y apoyar a una madre que llora porque su hijo ha sido arrestado, juzgado y condenado por robo. Aun así, puede también no compartir el rencor de la madre hacia las fuerzas del orden, la magistratura y la institución penitenciaria.

Comunicarse con empatía es la mejor forma de ayudar a una persona, porque respeta los dos elementos fundamentales del ritmo: el sufrimiento de la persona y la adecuación a un orden superior.

Este es el modo de comunicación más completo que se conoce, puesto que tiene en cuenta todas las variables que hay en juego. No considera únicamente el contenido que se transmite, mi necesidad de expresarme y de convencer a mi interlocutor, sino que también respeta al oyente y respeta sus exigencias, rechazos y ritmos de aprendizaje.

Así, la comunicación empática se hace holística, es decir, implica la totalidad de las variables que hay en juego y penetra en la armonía cósmica, en la que no existen ni la distonía ni el malentendido.

La emisión de la letra «i», la más evolucionada de todas las vocales, en sinergia con los ejercicios que la acompañan, constituye la danza más sublime a la que puede aspirar el hombre que habla. Mientras que el silencio, que sigue y supera a la «i», cuando actúa en sinergia con movimientos apropiados, proyecta al hombre hacia la danza cósmica: la más trascendente, evocadora, creativa e iluminadora que pueda conocer el hombre.

Ejercicios

SÍ CON LA CABEZA, QUIETOS

Estaremos sentados o de pie. Es importante mantener la columna vertebral perfectamente erguida y los brazos estirados a lo largo del cuerpo. Levantamos lentamente el mentón lo más alto que podamos, mientras dirigimos la mirada hacia el cielo. Al mismo tiempo, haremos una profunda inspiración. Nos pararemos un momento y, a continuación, bajaremos el mentón lo más bajo que podamos. Al mismo tiempo, emitiremos el sonido «iiiiiih», hasta que la presión del mentón sobre el pecho acabe por apagarla. Pararemos un momento y volveremos a empezar.

En pareja. La misma posición. Uno frente al otro, cogidos de la mano. La inspiración y la emisión del sonido se producen de manera sincrónica. Las miradas de los compañeros deberán cruzarse en dos ocasiones: una al subir y la otra al bajar, siempre cuando las cervicales estén erguidas.

En grupo. Se forma un círculo cogidos de la mano para trabajar en sintonía.

SÍ CON LA CABEZA, ANDANDO

Nos colocaremos en posición erguida, brazos estirados a lo largo del cuerpo. Sobre un pie se inspira y sobre el otro se espira. Mientras se inspira, se alzan los ojos hacia el cielo y, mientras se espira, se bajan hacia el suelo emitiendo el sonido «iiih». Hay que doblar únicamente el cuello, y no la espalda.

En pareja. Los participantes caminan cogidos de la mano. Se realizan los mismos movimientos descritos más arriba, sincrónicamente.

En grupo. Se forma un círculo, cogidos de la mano (fig. 32).

Se adelanta el pie derecho, inspirando y levantando la mirada hacia el cielo; se recupera la posición inicial mientras espiramos, emitiendo el sonido «iiih» y bajamos la mirada. Haremos lo mismo con el pie izquierdo, y así durante todo el ejercicio.

32

NO CON LA CABEZA, QUIETOS

La posición es la misma que la del ejercicio con el «sí». Giramos lentamente la cabeza hacia la derecha, inspirando. Paramos un momento. Recuperamos la posición de partida, (mirada al frente, perdida en el horizonte). Al mismo tiempo, emitimos el sonido «iiih».

Giramos lentamente la cabeza hacia la izquierda, inspirando. Paramos un momento. Recuperamos la posición inicial. Al mismo tiempo, emitimos el sonido «iiih». Paramos un momento y volvemos a empezar.

En pareja. Uno frente al otro, cogidos de la mano. La cabeza y la espalda erguidas. Los movimientos descritos más arriba se realizan sincrónicamente.

Se cruzan las miradas de los compañeros, siempre en la posición inicial. Se puede girar la cabeza en la misma dirección (la derecha para uno, la izquierda para el otro) o bien en direcciones opuestas (ambos hacia la propia izquierda y la propia derecha).

• *Variante.* En pareja, de espaldas. Los participantes están de pie en estrecho contacto, espalda contra espalda y cogidos de la mano. Giran la cabeza lentamente hacia el mismo lado, inspirando. Después, la giran hacia el otro lado, espirando y emitiendo el sonido «iiih». Hay que procurar mantener en todo momento el cuerpo perfectamente erguido y en contacto, hasta que se rocen las orejas y las mejillas de los compañeros. Además, hay que sincronizar al máximo los movimientos y la emisión del sonido.

En grupo. Se forma un gran círculo, cogidos de la mano, y se trabaja sincrónicamente girando todos la cabeza hacia la propia derecha y después hacia la propia izquierda.

NO CON LA CABEZA, ANDANDO

Posición erguida y brazos estirados a lo largo del cuerpo. Se empieza adelantando el pie derecho. Mientras este recibe todo el peso del cuerpo, se realizan las siguientes operaciones: se inspira girando la cabeza a la derecha, se vuelve al centro espirando y emitiendo el sonido «iiih». A continuación, se adelanta el pie izquierdo. Mientras este recibe todo el peso del cuerpo, se realizan las mismas operaciones, aunque girando la cabeza a la izquierda.

En pareja. Los dos compañeros, cogidos de la mano, caminan como se ha descrito más arriba, procurando sincronizar los movimientos de forma que puedan mirarse a los ojos a inspiraciones alternas.

En grupo. Los participantes forman parejas y se colocan todos en círculo. Las parejas adelantan el pie central (prescindiendo de la izquierda y de la derecha) mientras inspiran y giran la cabeza de manera que se miren a los ojos. Recuperan entonces la posición central tanto de la cabeza como del pie, mientras espiran emitiendo el sonido «iiih». Adelantan el otro pie mientras inspiran y giran la cabeza hacia el otro lado, de manera que miren a los ojos del compañero contiguo. Recuperan la posición tanto de la cabeza como del pie, mientras espiran emitiendo el sonido «iiih».

NO CON REBOTE DEL CUELLO, ANDANDO

Posición erguida y brazos estirados a lo largo del cuerpo. Se lleva todo el peso del cuerpo sobre el pie que se adelanta y se gira la cabeza hacia el mismo lado. Al llegar al máximo, se hace un segundo movimiento, acompañando el rebote resultante con una inspiración en dos tiempos. A continuación, se adelanta el otro pie y se gira la cabeza hacia el otro lado, haciendo el mismo rebote, pero acompañado esta vez con una doble emisión de sonido «iiih-iiih».

En pareja. Los dos compañeros, cogidos de la mano, caminan como se ha descrito más arriba, procurando sincronizar los movimientos de forma que se puedan mirar a los ojos con cada inspiración.

En grupo. Los participantes forman parejas y se colocan en círculo, cogidos todos de la mano. Adelantan el pie interior hacia delante y retrasan exterior hacia atrás.

Llevando todo el peso del cuerpo sobre el pie más adelantado, las parejas se miran a los ojos, inspirando en dos tiempos, mientras rebotan el cuello. A continuación, giran la cabeza hacia el lado opuesto mientras espira y emiten el sonido «iiih-iiih», y hacen rebotar el cuello mirando a los ojos del compañero que tienen al lado sin parar hasta que acabe el ejercicio. Tras unos minutos, se puede cambiar el pie adelantado.

INCLINACIÓN DE LA CABEZA, QUIETOS

Sentados o de pie, con la espalda perfectamente erguida y la mirada al frente, doblamos lentamente la cabeza hacia la derecha hasta casi tocar el hombro con la oreja, mientras realizamos una profunda inspiración. Nos paramos un momento y a continuación la cabeza recupera su posición erguida, mientras espiramos emitiendo el sonido «iiih». Paramos un momento y volvemos a doblar lentamente la cabeza hacia la izquierda hasta casi tocar el hombro con la oreja, mientras realizamos una profunda inspiración. Paramos un momento y la cabeza recupera la posición erguida, mientras espiramos emitiendo el sonido «iiih», y así todo el rato.

En pareja. Uno frente al otro, cogidos de la mano. Los movimientos descritos más arriba se realizan sincrónicamente.

Se puede inclinar la cabeza hacia el mismo lado; en este caso, la mirada permanece fija en la del compañero. También se puede inclinar la cabeza hacia el lado opuesto; en este caso, la mirada se cruza con la del compañero sólo cuando se alcanza la posición erguida.

En grupo. Se forma un gran círculo, cogidos de la mano. Se trabaja en sintonía, inclinando la cabeza cada uno hacia la derecha y hacia la izquierda.

INCLINACIÓN DE LA CABEZA, ANDANDO

Posición erguida y brazos estirados a lo largo del cuerpo. Caminamos con un pie inspirando y espirando y después con el otro pie. Se realiza del siguiente modo: adelantamos un pie y, mientras desplazamos sobre él todo el peso de nuestro

33

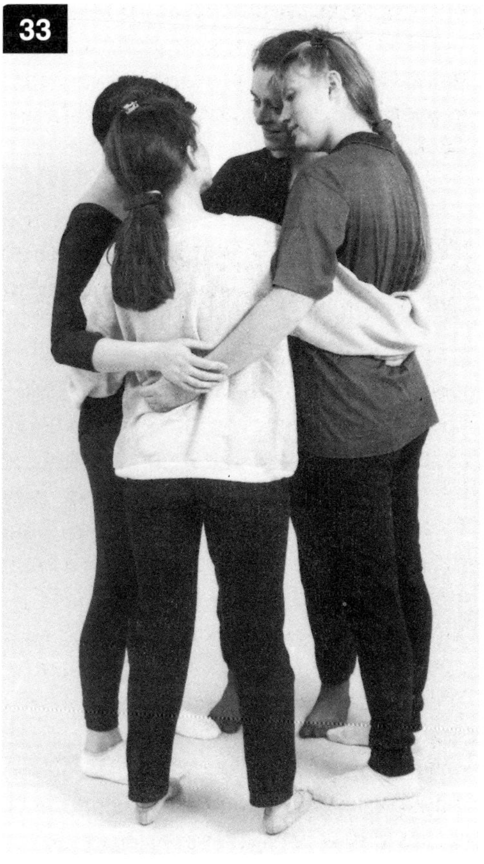

cuerpo, doblamos la cabeza en la misma dirección hasta casi tocar el hombro, inspirando. Recuperamos la posición inicial de la cabeza al espirar emitiendo el sonido «iiih». A continuación, adelantamos el otro pie y doblamos la cabeza en la misma dirección y según el mismo sistema, pero hacia el otro lado, y así todo el rato. Los movimientos deben realizarse muy lentamente.

En pareja. Los compañeros caminan muy juntos por los costados. El brazo interior rodea la espalda del compañero. El ejercicio se desarrolla muy lentamente, como se ha descrito más arriba. El pie que adelantamos primero es el interior. Flexionamos la cabeza hasta tocar la del compañero. Cuando adelantemos el pie exterior, doblaremos la cabeza hacia fuera. Respiración y sonidos son los mismos que los del ejercicio base.

En grupo. Los participantes forman parejas y se disponen en grupo, muy juntos y cogidos por la cintura (fig. 33).

Los pies emparejados, aunque separados a la anchura de los hombros. Doblamos la cabeza hacia el interior, en dirección al compañero con el que formamos pareja, mientras desplazamos todo el peso del cuerpo sobre el pie interior.

A continuación, se dobla la cabeza hacia el exterior, hasta tocar la del compañero más cercano, mientras se desplaza todo el peso del cuerpo sobre el pie exterior. La respiración y los sonidos son los mismos que los del ejercicio base.

CÍRCULO CON LA CABEZA, QUIETOS

El ejercicio puede realizarse sentado o de pie. Es importante mantener la columna vertebral perfectamente erguida y los brazos extendidos a lo largo del cuerpo. Con la cabeza se describe un círculo, lentamente, mientras inspiramos.

Al llegar al punto de partida, paramos un momento y volvemos a empezar, siempre lentamente y en la misma dirección. Realizamos un segundo círculo emitiendo el sonido «hiii». A continuación, se describe un tercer círculo en sentido inverso, lentamente e inspirando. Tras parar un momento, se describe un cuarto círculo, siempre lentamente y en la misma dirección, emitiendo el sonido «iiih».

En pareja. Cara a cara, cogidos de la mano. Se realizan los mismos movimientos descritos más arriba, ejecutados sincrónicamente. Se describen los círculos moviendo ambos la cabeza hacia el mismo lado. Se cruzan las miradas al empezar y al acabar cada ejercicio.

En grupo. Se forma un gran círculo, cogidos de la mano. Se trabaja en sintonía, girando todos la cabeza hacia el mismo lado.

CÍRCULO CON LA CABEZA, ANDANDO

Caminando, inspiramos al adelantar un pie, que aguantará el peso del cuerpo, y describimos con la cabeza un círculo completo. A continuación, adelantamos el otro pie, describiendo con la cabeza otro círculo en sentido inverso y emitiendo el sonido «iiih», y así durante todo el ejercicio.

En pareja. Los dos compañeros, cogidos de la mano, caminan como se ha descrito más arriba, procurando sincronizar los movimientos y los sonidos.

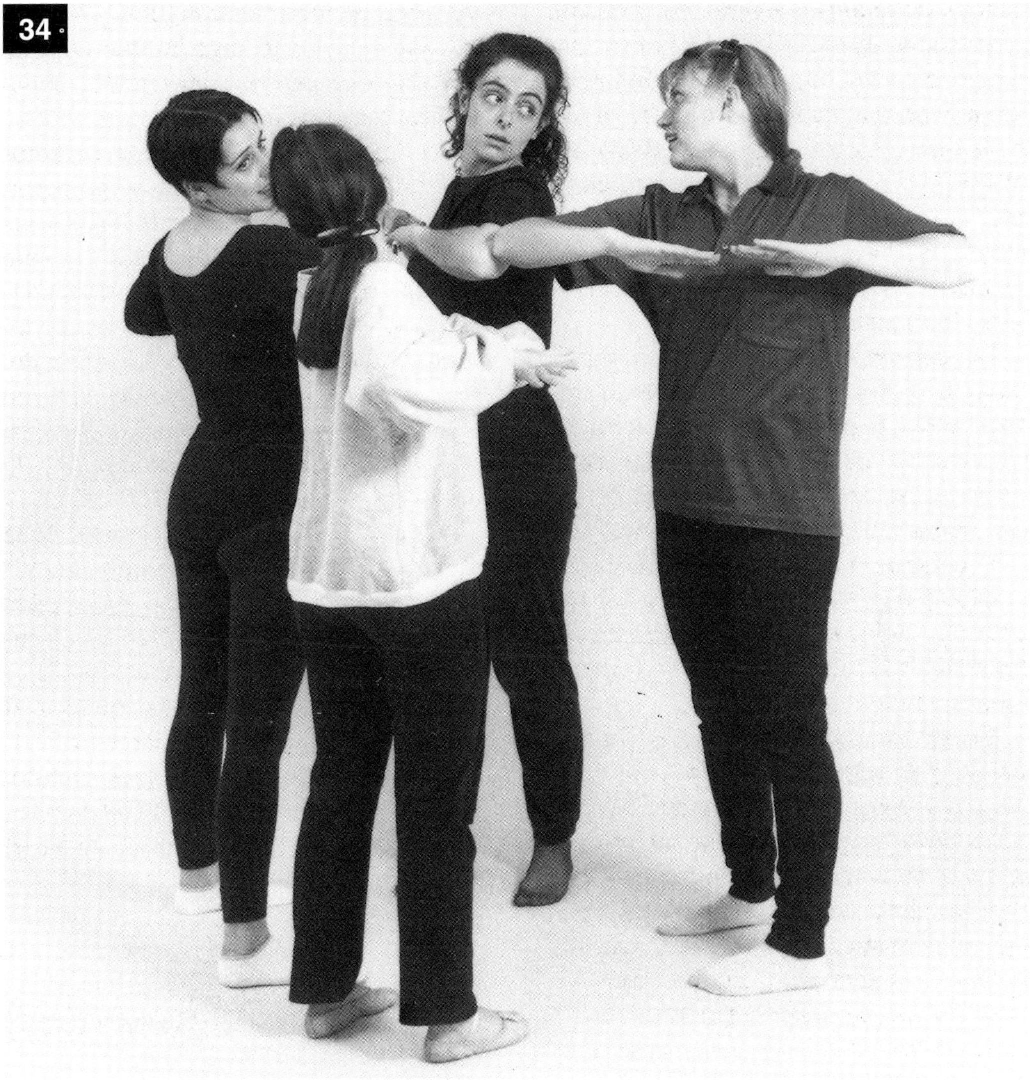

En grupo. Los participantes forman un gran círculo, cogidos de la mano y procurando mantener los pies desempa-rejados de modo que el derecho quede adelantado y el izquierdo, retrasado.

Llevan todo el peso del cuerpo sobre el pie derecho, hacia delante, inspirando y describiendo un círculo con la cabeza. A continuación, llevan todo el peso del cuerpo sobre el pie izquierdo, hacia atrás, espirando y emitiendo el sonido «iiih», mientras describen con la cabeza otro círculo, pero en sentido contrario.

TORSIÓN DEL BUSTO, QUIETOS

De pie, llevamos los brazos a la altura de los hombros y se mantienen las palmas de las manos orientadas hacia abajo. A continuación, se mueven los brazos en hélice, mientras la cabeza se mantiene quieta y erguida, con la mirada al frente.

Inspirando, se completa una primera rotación completa a derecha e izquierda. Emitiendo el sonido «iiih-iiih» se realiza una segunda rotación completa a izquierda y derecha, y así todo el rato.

En pareja. Los participantes estarán espalda contra espalda y cogidos de la mano. Con los brazos abiertos y a la altura de los hombros, realizan oscilaciones como se ha descrito más arriba.

Se deben conservar la sincronía de los movimientos, la cabeza quieta y erguida, y la mirada siempre al frente.

En grupo. Los participantes forman parejas y se colocan en círculo con los pies separados. Los brazos levantados a la altura de los hombros con el codo flexionado, de manera que apoyemos las palmas de las manos sobre el pecho, orientadas hacia abajo. Giramos el busto hacia el exterior, mientras giramos la cabeza hacia el interior, de forma que nos crucemos con la mirada del compañero (fig. 34). Al mismo tiempo, hacemos una profunda inspiración.

A continuación, invertimos el movimiento: giramos el busto hacia el interior, mientras giramos la cabeza hacia el exterior, de manera que nos encontremos con la mirada del compañero más cercano. Al mismo tiempo, espiramos emitiendo el sonido «iiih», y así todo el rato.

TORSIÓN DEL BUSTO, ANDANDO

En posición erguida, con los brazos abiertos a la altura de los hombros y con las palmas de las manos hacia abajo, se camina torciendo a cada paso el busto hacia un lado y la cabeza hacia el otro. Con la primera torsión, inspiramos; con la segunda, espiramos, emitiendo el sonido «iiih», y así todo el rato.

En pareja. Los compañeros están uno al lado de otro, sin darse la mano. Abren los brazos y se colocan a la distancia justa, para no chocarse con las manos.

En el espacio de una inspiración, adelantamos el pie interior, giramos el busto y los brazos hacia el exterior y giramos la cabeza hacia el interior, de manera que podamos mirar al compañero a los ojos. Después, emitiendo el sonido «iiih», adelantamos el pie exterior, giramos el busto y los brazos hacia el interior y la cabeza hacia el exterior, y así todo el rato.

En grupo. Los participantes forman parejas y se colocan en círculo. Levantan los brazos a la altura de los hombros, con el codo flexionado de forma que las palmas de las manos se apoyen sobre el pecho y estén orientadas hacia abajo.

Al ritmo de los pasos, el cuerpo desplaza su peso una vez sobre el pie interior, que permanece siempre en el mismo sitio, y otra sobre el pie exterior, que alternativamente se adelanta y se retrasa. Con los brazos doblados, giramos el tronco hacia el exterior, mientras giramos la cabeza hacia el interior, de forma que nos crucemos con la mirada del compañero. Al mismo tiempo, hacemos una profunda inspiración.

Después, invertimos el movimiento: giramos el tronco hacia el interior, mientras la cabeza lo hace hacia el exterior, de forma que nos topemos con la mirada del compañero más cercano. Al mismo tiempo, se espira emitiendo el sonido «iiih», y así todo el rato.

35

PALMEAR

Se practica **en grupo**. Los participantes forman parejas y se colocan en círculo. Los pies separados a la altura de los hombros y el cuerpo y la cara orientados hacia el centro del círculo. Giran el pecho y los brazos, con los pies quietos, hacia el compañero con el que forman pareja, y palmean dos veces las manos con las del compañero, emitiendo el sonido «iiih» y mirándose a los ojos (fig. 35).

Después, giran nuevamente el pecho y los brazos hacia el otro lado, sin mover los pies. En esta posición, vuelven a encontrarse con el compañero, y junto a él empiezan de nuevo, y así todo el rato.

• *Variante*. Si alcanzamos cierta soltura, podemos probar una variante más difícil. Consiste en palmear las manos con las del compañero de la derecha, mientras miramos a los ojos al compañero de la izquierda, y viceversa.

MOVIMIENTO BRAZO-OJO

En posición erguida, con los pies bien plantados en el suelo, se levanta el brazo derecho, manteniéndolo perfectamente extendido, y lo estiramos al máximo por encima de la cabeza, inspirando y siguiendo el movimiento de la mano con la mirada.

El brazo recupera la posición de reposo, extendido a lo largo del cuerpo, siguiendo el movimiento de la mano y emitiendo el sonido «iiih». Se repite con la otra mano.

A continuación, se estira el brazo derecho hacia fuera, a la altura del hombro, y se sigue con la mirada el movimiento de la mano, inspirando. El brazo, estirado a lo largo del cuerpo, recupera la posición de reposo, seguimos la mano con la mirada y se emite el sonido «iiih».

Se repite con la otra mano.

Este ejercicio, como se puede observar, se realiza en cuatro tiempos, ejecutados uno detrás de otro.

CÍRCULO BRAZO-OJO

Estando en posición erguida, con los pies perfectamente plantados en el suelo y separados a la altura de los hombros y con los brazos estirados a lo largo del cuerpo, se dirige la mirada hacia la mano derecha, que se cierra mostrando el índice. Se levanta lentamente el brazo derecho hacia el techo y con el índice de la mano se dibuja un círculo. La mirada está siempre concentrada en el movimiento de la mano. Inspiramos mientras levantamos el brazo y describimos el primer círculo.

Mientras se describe el segundo círculo, se espira y se emite el sonido «iiih», recuperando la posición de reposo del brazo.

En este punto, se desvía la mirada del índice de la mano derecha y se dirige hacia el de la mano izquierda, que lentamente se levanta para hacer lo mismo. Iremos cambiando el sentido de la rotación en cada serie.

PEINE

Caminamos con las manos levantadas a la altura de la cabeza, con los codos un poco flexionados, como si nos peináramos.

Adelantamos un pie y dejamos resbalar la mano correspondiente a ese pie sobre el pelo: desde la frente hacia la nuca, mientras realizamos una profunda inspiración. Al mismo tiempo, la otra mano realiza el movimiento contrario: desde la nuca hacia la frente. Después, adelantamos el otro pie y hacemos los mismos movimientos en sentido contrario, espirando y emitiendo el sonido «iiih». A cada paso, la cabeza secunda el movimiento de la mano que la «peina», realizando una pequeña rotación en sentido opuesto.

En pareja. Los compañeros se cogen de la mano. Adelantan el pie interior, inspirando y girando la cabeza hasta encontrarse con la mirada. La mano exterior, que está suelta, realiza el movimiento de peinarse.

Adelantando el otro pie, se espira y se emite el sonido «iiih», se gira la cabeza hacia el exterior y con la mano se hace el movimiento contrario: desde la nuca hacia la frente.

Tras realizar el ejercicio unas cuantas veces, las parejas cambian de lugar, de forma que puedan experimentar el movimiento de peinarse también con la otra mano.

En grupo. Los participantes forman parejas y se ponen en círculo, sin cogerse de la mano. Ambos brazos levantados con las manos sobre el pelo.

Al ritmo de los pasos, el cuerpo desplaza su peso una vez sobre el pie interior, que permanece siempre en el mismo lugar, y otra sobre el pie exterior, que alternativamente se adelanta y se retrasa.

Al inspirar, se desplaza todo el peso del cuerpo sobre el pie interior; giramos la cabeza de manera que podamos mirar a los ojos al compañero con el que formamos pareja, adelantamos el pie exterior y apoyamos todo el peso del cuerpo sobre él durante unos instantes. Al mismo tiempo, la mano exterior «peina» de la frente a la nuca, mientras que la interior lo hace de la nuca a la frente.

Al espirar, se emite el sonido «iiih». Desplazamos el peso del cuerpo sobre el pie interior, que permanece en su lugar, giramos la cabeza hacia fuera, de manera que nos encontremos con la mirada del compañero más cercano, retrasamos el pie exterior y apoyamos sobre él todo el peso del cuerpo durante unos instantes. Al mismo tiempo, la mano interior «peina» de la frente a la nuca, mientras que la exterior lo hace de la nuca a la frente.

Advertencias

• *Cuello.* Hay que escuchar siempre lo que ocurre en la zona del cuello, de las cervicales, de la cadena escapular-humeral: vibraciones, crujidos, tensiones, dolores, sensación de placer, de bienestar, de estiramiento, de ajuste, etc. Es aconsejable observar si la rotación en los dos sentidos presenta el mismo grado de dificultad, de soltura, de placer, etc. Hay que privilegiar e insistir en todos aquellos movimientos que presenten mayor dureza y resistencia, pero siempre gradualmente y con suavidad.

• *Suavidad.* Aprender el esquema de un movimiento natural, que por diversas razones ha sido olvidado, es como aprender la sintaxis de una lengua. Ambas son construcciones mentales, derivadas de la experiencia para facilitar el aprendizaje. Al hablar, se sigue la lógica de la conversación y nos dejamos arrastrar por el poder emotivo del tema. Echamos mano de recursos inventivos para exponer un pensamiento y para convencer al interlocutor. No pensamos en la disposición sintáctica de las frases, que aprendimos en el colegio. Ya Cicerón recomendaba al orador: *Rem tene, verba sequentur*, es decir, «concéntrate en el tema y las palabras saldrán solas, en su justa disposición». Nosotros diríamos: siente el ritmo y los movimientos vendrán por sí solos de manera coordinada. Por lo tanto, una vez superada la fase inicial de un ejercicio, en la que el esquema sintáctico del movimiento posee una gran importancia, aprendemos a desenvolvernos con mucha libertad. Si logramos penetrar en el ritmo del movimiento, es decir, si realizamos el ejercicio con el corazón y no con la cabeza, resulta mucho más sencillo moverse con suavidad y naturalidad, con originalidad y creatividad. Este es el mejor modo de respetar nuestros límites y aprovechar todas nuestras capacidades.

• *Mirada.* Es una forma de comunicarse sin palabras. Mirarse a los ojos es, para mucha gente, embarazoso. Las reacciones emotivas que se pueden experimentar son de distinta clase y dependen tanto de nuestro estado de ánimo como de nuestra forma habitual de relacionarnos con los demás. La dificultad de mirar a los ojos y de mantener la mirada ajena puede indicar timidez, miedo, sentimiento de inferioridad, escasa capacidad de riesgo y de sufrimiento. Los ejercicios que prevén el cruce de miradas con los compañeros permiten suscitar en nosotros y favorecer sentimientos como la seguridad, la valentía, el optimismo, el dominio de las emociones y la franqueza en las relaciones sociales. Para penetrar mejor esta forma de sentir, debemos desechar la tentación de la mirada autoritaria, prepotente, seductora, y pensar en el niño pequeño que hay dentro de nosotros y que mira el mundo y la gente con sorpresa y estupor, con alegría y dulce encanto. Así, sentiremos el contacto empático que se establece con otra persona y el deseo de ayudar y hacerse ayudar, que son necesidades fundamentales en el ser humano. Escuchemos todas las vibraciones y emociones que se producen en nosotros y, si podemos, expresémolas en grupo, con el guía, con nuestro compañero, o escribámoslas en nuestro diario. Se trata de una forma de aprender a comunicarnos con la transparencia del lenguaje no verbal, a actuar sin máscaras y a amar sin dobles intenciones.

El silencio

Efecto moral

Afirma:	**unión** **consciencia**
Niega:	**división-incomprensión** **rabia-locura**

Efecto físico

Reporta beneficios en todo el organismo biopsíquico. Produce una integración armónica entre todas las funciones físicas, las capacidades mentales y las intuiciones espirituales. Proporciona bienestar, profunda tranquilidad e iluminación y permite descubrir el sentido de la vida vivir de acuerdo con la naturaleza.

Significado

El silencio es el medio más poderoso para provocar cambios. Causa perturbaciones internas que alteran el viejo sistema y estructuran un nuevo equilibrio. Hace aparecer y lleva a la maduración nuevas convicciones y esquemas comportamentales más ventajosos.

El hombre alcanza su máxima profundidad con el silencio: en él hallan armonía, coordinación y unidad todos los movimientos del ánimo. Este es el medio elegido por Dios para hablar a los hombres. En el silencio, los sabios, los profetas y los legisladores sagrados han recibido los mensajes divinos que debían revelar a su vez a la humanidad.

La sabiduría completa, la unidad infinita, puede ser expresada y comprendida sólo con el silencio. Las palabras son limitadas, están atadas de pies y manos a las convenciones, por lo que jamás hacen justicia a lo que quieren decir.

Tenemos dos medios para vivir y comunicar la sabiduría total, la divina unidad de la que formamos parte: el silencio y la palabra.

Con el silencio, nos liberamos y podemos superar el tiempo y el espacio, que son cárceles en las que la palabra vive aprisionada.

Las palabras nacen de una cultura determinada en un preciso momento histórico y un territorio geográfico limitado. Por ello, las palabras nos esclavizan, mientras que el silencio nos hace libres. El lenguaje provoca conflictos y divisiones. Del uso del silencio, por el contrario, nacen la paz, la unión y el amor. Con razón podemos decir que las palabras dividen y el silencio une. Las palabras son abundantes y se pelean entre sí, por lo que su juego es limitado. El silencio, en cambio, es único y su danza es infinita.

En todas las órdenes religiosas, tanto occidentales como orientales, siempre se ha tenido en gran consideración la regla del silencio, como condición imprescindible para elevar el espíritu. De todos modos, tenemos que observar que las palabras y el silencio se persiguen mutuamente y constituyen momentos evolutivos igualmente útiles y necesarios.

Es por ello que las palabras son sin duda la condición necesaria para acceder a la conquista del silencio. Hay muchas personas que no comparten esta perspectiva dado que: les cuesta más callarse que hablar.

A menudo, hablan no porque tengan algo que decir, sino porque no son capaces de callarse; no soportan el silencio. Y tienen sus razones: el silencio es su enemigo a combatir, porque destruye los hábitos obsesivos, conflictivos, maniáticos o depresivos que han logrado construir a lo largo del tiempo y a los que han acabado por acostumbrarse. De este modo, se han convertido en esclavos de las palabras, como el fumador lo es del cigarrillo. Su forma de pensar está muy alejada de la de una persona sabia, que en grandes líneas piensa así:

— cuando permanezco en silencio, me siento un dios;
— cuando hablo, me siento un hombre;
— cuando discuto, me siento un ser inferior.

El silencio es para la mente lo que la respiración es para el cuerpo: un medio para acceder a la unidad, para favorecer la integración y para alcanzar la consciencia cósmica.

Los sonidos «mhhh» y «nhhh»

Los ejercicios que siguen no prevén la emisión de sonidos, con excepción de las dos formas «mhhh» y «nhhh» que ya hemos visto al tratar el sexto y el séptimo chakra. En realidad, no se trata de auténticos sonidos, sino que constituyen, si se puede decir así, el embarazo del silencio: son las contracciones por las que el silencio se prepara para parir las palabras.

Pensemos en un recién nacido cuando mama del seno materno: abre y cierra los ojos alrededor del pezón, emitiendo un sonido muy similar a la «m». Y es precisamente con la repetición de la «m» que todas las lenguas pronuncian la palabra «mamá».

Asociado con la succión del seno materno se encuentra también el sonido «n», signo de saciedad y de beatitud. De hecho, el recién nacido, cuando está lleno, separa la boca del pezón torciéndola hacia un lado, como si dijera: «Ya no quiero más». En ese momento, emite un sonido muy similar a la «n», que es la raíz del «no» en todas las lenguas que hemos podido conocer.

A menudo, quien practica los ejercicios del silencio siente el deseo regresivo de emitir la vibración sonora «mhhh», manifestando así un goce interno que recuerda al de la succión; o bien la vibración sonora «nhhh», manifestando un estado interior de beatitud que evoca el del niño saciado que se dispone a dormir.

Cuando practiquemos estos ejercicios, nos dejaremos llevar por la ola emocional que suele crearse y obedeceremos a los impulsos que se traducen en vibraciones sonoras cuando estallan en nuestro interior.

Ejercicios

CAMINATA SINÉRGICA

Andando de forma natural y espontánea, escucharemos atentamente nuestro cuerpo: cómo se apoyan los pies en el suelo, cómo se mueven los hombros, cómo está la cabeza sobre el cuello.

Ahora, procuraremos no mirar ni hacia arriba ni hacia abajo, sino mantener la mirada al frente, perdida en el horizonte.

Sin dejar de caminar, concentraremos nuestra atención en los hombros sentiremos cómo se desplazan hacia fuera, cómo se endereza la espalda y se yergue la cabeza sobre el cuello. Intentaremos que esta nueva postura se haga natural y espontánea.

Observemos la sinergia: la mano derecha, en su oscilación, se encuentra adelantada cuando el pie izquierdo también se adelante, y retrasada cuando el pie izquierdo se retrase.

La mano izquierda actúa de la misma forma con el pie derecho: las extremidades superiores e inferiores se encuentran en armonía. Tratemos de marcar perfectamente esta sinergia.

Debemos acompasar los pasos sinérgicos con la respiración. Empezaremos a inspirar manteniendo el pie derecho adelantado y la concluiremos adelantando el pie izquierdo. Haremos lo mismo con la espiración, de manera que hagamos una respiración completa en el espacio de cuatro pasos. Esta es la caminata sinérgica media: es conveniente practicarla conjuntamente con otras más aceleradas o más lentas.

Un ejemplo de caminata más acelarada podría ser la siguiente: tres pasos durante la inspiración y tres durante la espiración, de manera que hagamos una respiración completa en el espacio de seis pasos.

Un ejemplo de caminata más lenta: un paso inspirando y otro espirando, de modo que hagamos una respiración completa en el espacio de dos pasos.

Hay que tener en cuenta que la mayor o menor velocidad de la caminata depende únicamente del movimiento de los pasos, y no de la duración de una respiración, que debe ser constante.

En pareja. Partiendo de la posición estática, cogidos de la mano. No se distingue el pie izquierdo del derecho, sino sólo los pies exteriores de los interiores de la pareja.

Empezaremos a caminar con los pies interiores y los brazos exteriores mientras inspiramos. A continuación, haremos lo contrario espirando. Tras unos minutos, invertiremos las posiciones de la pareja: el que estaba a la derecha pasará a la izquierda, y viceversa.

En grupo. En este caso, cada uno de los participantes camina libremente dentro de un mismo espacio predeterminado.

Un cronómetro, el redoble de un tambor, las palmadas del guía o una música muy rítmica marcarán el tiempo, de manera que todos puedan sincronizarse.

La caminata y la respiración se producen como se ha descrito más arriba.

CAMINATA ABDOMINAL

Movemos los pies al ritmo de la respiración, como en la caminata sinérgica media. Concentramos toda nuestra atención en el abdomen y respiramos también por el abdomen. Si caminamos de manera muy relajada, podremos sentir cómo se producen oscilaciones agradables que mueven nuestro abdomen lentamente.

Se puede practicar **en pareja** y **en grupo**, siguiendo las indicaciones dadas para la caminata sinérgica.

RODILLAS-MANOS SINÉRGICAS

Caminaremos con la mirada al frente, con los hombros hacia fuera y la cabeza perfectamente erguida. Con cada paso, levantaremos mucho las rodillas, como si estuviéramos marchando. Giraremos el tronco y los brazos simultáneamente en cada movimiento, de manera que toquemos con la palma de la mano la rodilla opuesta levantada (fig. 36).

36

La respiración se realiza del siguiente modo: cuando nos toquemos una rodilla, inspiraremos, y cuando nos toquemos la otra, espiraremos.

En pareja. Cogidos de la mano, adelantaremos los pies interiores y los brazos exteriores, mientras inspiramos. A continuación, haremos lo contrario espirando.

Naturalmente, mientras inspiramos giraremos el busto y los brazos de manera que toquemos con la palma de la mano exterior la rodilla interior, que está levantada. Al mismo tiempo, desplazaremos los brazos interiores hacia la parte posterior del costado.

A continuación, mientras espiramos giramos el busto hacia el otro lado, llevando hacia delante los brazos interiores con el codo doblado, que obviamente no podrá tocar la rodilla exterior. Al mismo tiempo, desplazamos los brazos exteriores hacia la parte posterior del costado, mientras las rodillas exteriores están levantadas.

En grupo. Se procede de la misma forma que en la caminata sinérgica en grupo. Lo único que cambia es el movimiento de las rodillas, que deberemos subir lo más alto que podamos.

RODILLAS-CODOS SINÉRGICOS

Se procede de la misma forma que en el ejercicio anterior. Es obvio que el contacto se produce entre los codos y las rodillas opuestas (fig. 37).

37

38

También **en pareja** se procede de la misma forma: levantamos un codo, el exterior, hasta tocar la rodilla opuesta, mientras que el interior realiza únicamente un desplazamiento hacia delante.

En grupo se seguirá el mismo procedimiento que el del ejercicio anterior en grupo.

PIES-MANOS SINÉRGICOS

Se camina tocándose la punta del pie opuesto, con una y otra mano alternativamente. Por lo demás, se procede de la manera descrita anteriormente, también en lo que respecta a la **pareja** y al **grupo**.

TALONES-MANOS SINÉRGICOS

Se camina y, pasando por detrás de la espalda, nos tocaremos el talón del pie opuesto, con una y otra mano alternativamente (fig. 38).

Con las adaptaciones oportunas, se procede de la misma manera descrita más arriba, también **en pareja** y **en grupo**.

CAMINATA ZEN

Es muy parecida a la descrita en los ejercicios zen sobre los chakras.

De pie, con la columna vertebral perfectamente erguida y con la mirada diri-

39

gida hacia el suelo, a unos tres metros de distancia. Cerramos los brazos hacia delante, con las manos en el regazo (fig. 39). No entrelazamos los dedos, sino que la mano derecha sostiene la izquierda, apoyada unos centímetros por debajo del ombligo, en el punto que los orientales denominan *hara*, considerado el centro y punto de encuentro de todas las energías. Caminamos adelantando un pie y procurando apoyarlo en el suelo con suavidad y lentamente: primero con el talón, después con la planta y, por último, con la punta.

Se procede del mismo modo con el otro pie, que se levanta suave y lentamente; primero con el talón, después con la planta y por último con la punta. La distancia de un paso corresponde a la longitud de un pie, por tanto, el talón se apoya en el suelo sobre la línea en la que termina el dedo gordo del otro pie.

Inspiramos al levantar el pie del suelo y espiramos cuando lo apoyamos en el suelo.

En pareja. Se camina cogidos de la mano y adelantando al unísono los pies interiores primero, y los exteriores después. Sólo la mano exterior permanece en el regazo, con la palma orientada hacia la zona *hara*.

En grupo. Nos movemos por separado dentro de un mismo espacio y caminamos como se ha descrito más arriba.

Para alcanzar la sintonía del grupo, el ritmo viene dado por una música muy espiritual, de cadencias lentas, o bien por

40

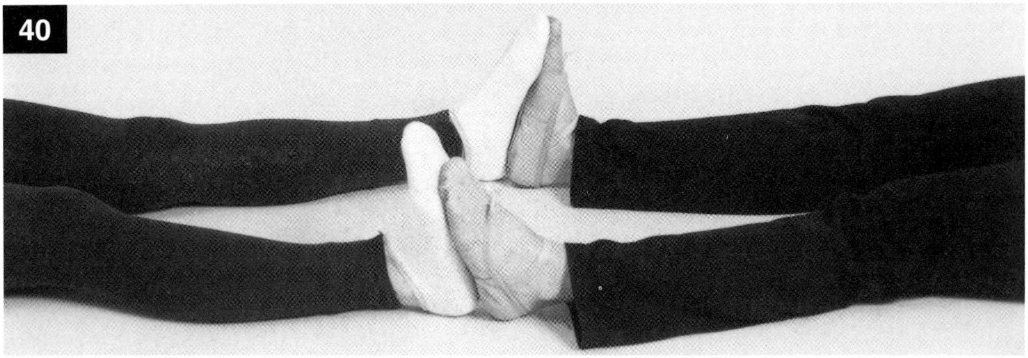

la espiración sonora de los participantes, que usarán una de las dos voces del silencio: «mhhh» o «nhhh».

BICICLETA

Nos tumbaremos sobre la colchoneta, con las piernas ligeramente separadas, los brazos estirados a lo largo del cuerpo y con las palmas de las manos hacia arriba.

Al inspirar, estiramos la punta del pie derecho y encogemos la punta del pie izquierdo; al espirar, lo hacemos al revés.

Podemos acelerar o ralentizar este ejercicio a nuestro gusto, haciendo una, dos, tres o más pedaladas con cada respiración completa o con cada inspiración y espiración.

Podemos añadir un movimiento de abrir y cerrar las manos, coordinado con el movimiento de los pies.

En pareja. La misma posición, pero con los pies pegados con los del compañero (fig. 40). Se realizan los mismos movimientos descritos más arriba, con el mismo ritmo respiratorio.

BALANCEO

Tumbados sobre la colchoneta, las piernas ligeramente separadas y los brazos estirados a lo largo del cuerpo, con las palmas de las manos hacia abajo.

Al inspirar, estiramos un brazo a lo largo del cuerpo, como si quisiéramos coger con la punta de los dedos un objeto colocado a cierta distancia. El desplazamiento del brazo y el de la espalda será de unos pocos centímetros.

Al espirar, realizaremos el mismo movimiento con el brazo opuesto, y así todo el rato.

Fijaremos nuestra atención en los hombros que, durante el movimiento de balanceo, suben y bajan alternativamente.

Seguiremos así, y nos fijaremos que los glúteos, los muslos y las piernas tienden a participar en el movimientos de los hombros y de los brazos. Secundaremos este movimiento sintónico-alterno y trataremos de potenciarlo.

Si realizamos el movimiento de manera suave y relajada, es decir, sin sacudidas ni rigidez muscular, experimenta-

41

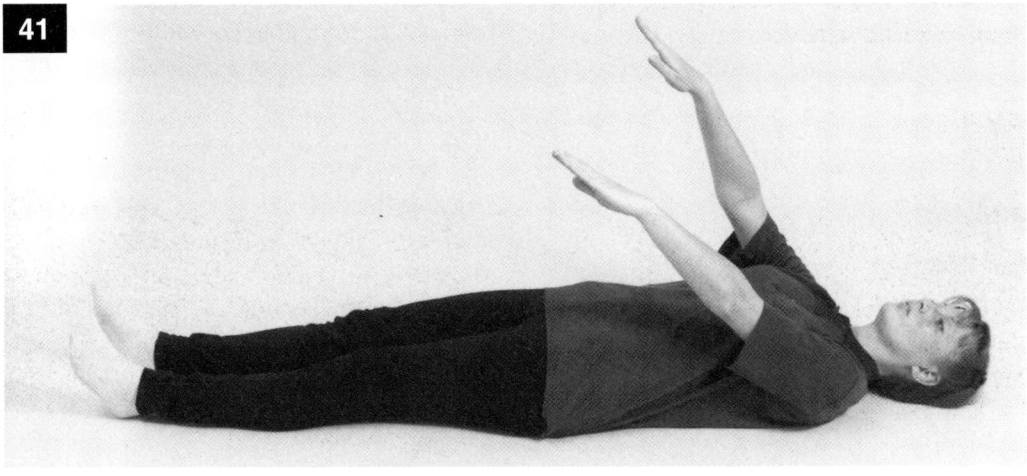

remos el placer de sentir cómo la pelvis y los hombros se alinean y equilibran perfectamente, mientras que todo el cuerpo se moverá envuelto en una sola onda vibratoria.

LEVANTAR LOS BRAZOS POR ETAPAS

Tumbados sobre la colchoneta, las piernas ligeramente separadas y los brazos estirados a lo largo del cuerpo, con las palmas de las manos hacia abajo (figura 41).

Inspiramos profundamente, mientras levantamos un centímetro un brazo completamente estirado, haciendo palanca sobre el hombro. Lo mantenemos quieto mientras espiramos.

Repetimos la operación con el otro brazo.

Continuamos, subiendo cada vez un centímetro, con un movimiento alterno de los brazos, hasta que las manos lleguen a tocar con el dorso la colchoneta a la altura de la nuca.

Para muchos será difícil realizar este último movimiento, pero no es esto lo importante. El objeto del ejercicio es llevar los brazos lo más atrás que podamos, sin esfuerzo ni dolor.

Llegados al punto máximo, regresaremos a la posición inicial de la misma forma.

CON LA CABEZA SIN ETAPAS

Partiremos de la misma posición que la de los dos ejercicios anteriores. Inspirando, giramos la cabeza un centímetro hacia un lado. Nos paramos y espiramos. Giramos la cabeza otro centímetro, nos detenemos y volvemos a espirar. Continuamos hasta donde sea posible, sin esfuerzo ni dolor.

Después, nos paramos, invertimos el movimiento y seguimos girando la cabeza de la misma forma hacia el otro lado, hasta el punto máximo. A partir de aquí, volvemos a empezar para recuperar la posición de partida.

INCLINACIÓN DE LA CABEZA POR ETAPAS

El ejercicio se realiza en la misma posición y con el mismo esquema que en el ejercicio anterior, aunque la cabeza, en lugar de girar, se inclina por etapas hacia un hombro.

LEVANTAR LAS EXTREMIDADES

Tumbados, con las piernas ligeramente separadas, los brazos estirados a lo largo del cuerpo y las palmas de las manos hacia abajo, levantamos unos centímetros la pierna derecha, manteniéndola perfectamente estirada. Realizamos tres respiraciones lentas y profundas, imaginando que durante la espiración el aire sale por la pierna derecha.

Bajamos y relajamos la pierna derecha y hacemos otras tres respiraciones de la misma forma, imaginando que el aire de la espiración sale por la pierna derecha, ahora relajada. Hacemos lo mismo con la pierna izquierda, después con el brazo derecho y, por último, con el brazo izquierdo.

Nos detenemos para escuchar todas las sensaciones que atraviesan nuestro cuerpo y nos dejamos mecer por ellas.

Advertencias

• *Rechazo.* Aunque el ejercicio se concentra sólo en una parte del cuerpo, debe implicar a toda la estructura biopsíquica de la persona, para evitar una crisis de rechazo. Concentrarse sobre una zona de la unidad cuerpo-mente-espíritu equivale a relativizar los beneficios obtenidos. Un cuello rígido y dolorido es funcional, útil y necesario para un organismo lleno de tensiones. Actuar sobre el cuello para aliviar las vértebras cervicales y aliviar el dolor significa conceder al individuo un beneficio momentáneo. Después de cada ejercicio (físico, emocional y espiritual), el organismo se enfrenta a un gran dilema: ¿hay que conservar o rechazar la mejoría obtenida? Hay muchas personas que se someten a tratamientos gimnásticos o fisioterapéuticos y que se lamentan a menudo de que, tras unos meses de bienestar, «todo vuelve a ser como al principio». ¿Por qué? Pues porque se ha producido una crisis de rechazo, es decir, el organismo no ha reconocido, y por lo tanto, no ha podido asumir la mejoría obtenida por diversos motivos. Estos son algunos:

1. La mejoría se ha producido sin su consentimiento;
2. sin que se viera atendido en su totalidad;
3. sin gradación, es decir, sin concederle un tiempo para activar estructuras adecuadas para asumirlo;
4. sin tener en cuenta su capacidad de absorción;
5. incluso en su contra, contra sus hábitos y predisposiciones, como ocurre con muchas clases de gimnasias violentas;

La mejoría perdurará siempre y cuando el organismo consiga integrarla, es decir, reconocerla, sentirla como propia y necesaria, e identificarse con ella. Esto sucede con el movimiento sinérgico. La sinergia es la forma más natural de aprendizaje de la que dispone el hombre. El niño aprende a hablar y a andar mediante una actividad sinérgica. Se trata de una actividad muy poderosa, porque implica a todo el organismo en todas sus estructuras y en todas sus áreas. Cada ejercicio, si se ejecuta con sinergia, provoca perturbaciones generales de las que se deriva un nuevo equilibrio energético, el cual tiende a prolongarse en el tiempo. Por ello, es fundamental realizar los ejercicios propuestos implicándonos en ellos no sólo con las estructuras neuromusculares y volitivas, sino también y sobre todo con el mayor empeño emotivo y espiritual posible.

• *Posición.* La que hemos sugerido en cada ejercicio es puramente indicativa. De hecho, los ejercicios pueden realizarse en cualquier posición. Hay que tener en cuenta que el mantenerse de pie o caminar permite una acción más incisiva en los niveles más dinámicos de la energía, puesto que el organismo se encuentra en fase de movilización y de reequilibrio continuo: en realidad, se debería mantener la postura deseada venciendo la propia ley de la gravedad. En la posición supina, el organismo se halla en fase de relajación, lo que permite actuar sobre energías más meditativas, íntimas y espirituales. Esta posición permite un trabajo más profundo sobre la estructura de la personalidad. Al elegir la posición, como también el tipo de ejercicio y la mayor o menor emisión del sonido vocálico, debemos tener en cuenta qué deseamos obtener, y regularlos en consecuencia.

• *Ritmo.* Es fundamental en este tipo de ejercicios. Las vibraciones que desencadena, con independencia de las zonas corporales de las que provenga, tienden a afectar a todo el organismo. Además, los ejercicios realizados con el ritmo adecuado son siempre más agradables. Si nos resultan algo cansados, es porque la ejecución no se ajusta al ritmo, o bien porque este resulta mecánico, no asumido emotivamente. La sensación de placer, que acompaña siempre a una actividad rítmica, agudiza nuestra consciencia y percepciones internas y amplía la armonía cinestésica (motora y sensorial). Además, destruye los bloqueos y resistencias musculares y psíquicas debidas a procesos de represión y pesadumbre. Por ello, podría ocurrir que el movimiento rítmico, realizado sobre todo en posición supina, originase sacudidas, vibraciones, pequeñas convulsiones y gestualidad creativa. Por lo general, se trata de manifestaciones agradables, aunque un tanto turbadoras, y señalan la eficacia del ejercicio, al producir un reequilibrio energético. Es muy importante recordar que siempre debemos secundarlas, permitiendo que fluyan libremente y dejándonos mecer por ellas. Si estamos solos y no logramos contenerlas, pararemos y volveremos a empezar. Quien haga estos ejercicios en solitario debe ser una persona cuyo estado emotivo no se salga mucho de lo normal: por tanto, debe carecer de graves problemas no resueltos. Por el contrario, las personas distónicas y neuróticas, con síndromes fóbicos y obsesivos, con estados de confusión o delirio, con síndromes esquizoides o psicóticos, no pueden ejecutar los ejercicios solos, aunque estén especialmente indicados para ellos. La ayuda de un psicoterapeuta les resultará indispensable. La razón reside en el hecho de que estos ejercicios pueden desencadenarles una armonía psicofísica insoportable, al estar acostumbrados a vivir en conflicto y tensión. Por ello, es necesario que un psicoterapeuta (no un psicólogo, ni un médico, ni un instructor) controle el ejercicio, de manera que pueda emerger únicamente el bienestar que el individuo sea capaz de asumir.

• *Sonido.* Los ejercicios previstos con el silencio pueden ser realizados incluso con emisión vocálica. Obviamente, cambia el sentido del ejercicio y también el tipo de energía suscitada. Es oportuno experimentar diversos ejercicios, con emisiones vocales distintas o con el silencio, de manera que podamos descubrir qué formas nos resultan más agradables y ventajosas. También el rebirthing originario, normal, integrado, esotérico y el vivation pueden ser practicados con emisión de sonidos. Para muchos, la práctica del rebirthing con la emisión de nuestra vocal preferida o terapéutica resulta más estimulante y productiva, puesto que evita la monotonía, la aparición del sueño, la voluntad de formular preguntas y la tentación de comportarse de manera espectacular. Cuando se utiliza la voz, se debe tener en cuenta que el sonido deberá emitirse de manera relajada, sin forzar ni oponer resistencias. Debe salir de forma espontánea y natural, como fluyen las vocalizaciones que emiten los niños pequeños cuando balbucean las vocales a la búsqueda de su voz. Si la emisión de la voz se sincroniza con el movimiento de las extremidades, hay que recordar que la duración de la respiración es constante. Se la debe considerar como la unidad de medida con la que se pueden contar, marcar o alternar los ritmos de los sonidos y de los movimientos, más o menos acelerados. En la práctica, son los movimientos y los sonidos los que deben adaptarse a la respiración, y no al revés.

• *Emociones.* Al empezar un ejercicio, debemos dejarnos invadir y arrastrar por las emociones que nos suscite. Y las seguiremos incluso cuando se transformen, aumenten o nos lleven a flotar en mundos irreales; o bien cuando nuestro cuerpo parezca gobernado por un espíritu que mueve a su antojo nuestros brazos, manos o pies. Es obvio que, en este aspecto, no siempre podremos seguir las reglas del ejercicio que hemos elegido, pero esto no debe preocuparnos, porque estamos actuando de forma creativa: es nuestra sabiduría inconsciente la que nos está induciendo a hacer el ejercicio más adecuado, bello y ventajoso para nosotros. Somos felices. Si un terapeuta nos ayuda, nos podrá explicar el significado de todo lo que nos está ocurriendo. Si estamos solos, debemos pensar que en nuestro interior están cayendo las resistencias y que estamos mejorando nuestro equilibrio energético.

Impreso en España por
LIMPERGRAF, S. L.
Calle del Río, 17, Nave 3
08291 Ripollet